実践的SQC(統計的品質管理)入門講座 3

回帰分析

棟近 雅彦 監修
佐野 雅隆 著

日科技連

監修者のことば

　2年ぐらい前に，日科技連出版社の方から，新しいSQC(統計的品質管理)のシリーズを出版したいというお話しをいただいた．監修者自身は，もう20年以上前になるが，日本科学技術連盟で行っている品質管理技術者のためのベーシックコースというセミナーのテキストを大改訂することになり，「データのとり方・まとめ方」と「管理図」という2冊のテキストを執筆したことがある．ちょうど前職から現職に異動したときで，研究室も新たに立ち上げなければならず，新たな仕事が盆と正月のようにやってきて，てんやわんやだったことをよく覚えている．この2冊で，QC七つ道具をすべてカバーしていた．その後，これらのテキストをもとに，JUSE-StatWorksによる品質管理入門シリーズを著すことができた．

　SQCに関する書籍は，当時も既に多くのものが刊行されており，今さら書いて意味があるのか，と思ったりもした．しかし，今思えば，自身の大学での講義に大いに役に立ったし，既に理論的には確立された手法の説明にいかにオリジナリティを出せばよいかについて，考えることができるのは貴重な経験であった．

　当時は忙しいといっても新米の大学教員であったので，それなりに時間をかけてこれらの書籍を執筆することができた．現在は，文章能力は当時より上がっているつもりだが，何せかけられる時間が少ないので，残念ながら最近書いた文章よりは，よくできていると感じる．

　このような私の経験から，本シリーズは，当時の私ぐらいの年代の，次世代を担う若手のSQCを専門とする方々に執筆いただこうと考えた．企画会議を何回かもち，初学者向けのやさしいテキストとすることを決めた．各巻の内容をどうするかは，基本的に執筆者の方々にお任せした．監修者といってもほと

んど何もせず，原稿が上がってきたら大きな誤りがないかを確認したに過ぎない．一点だけ企画会議からずっとお願いしたのは，事例を充実させてわかりやすく書いてほしい，ということである．本シリーズで取り上げるのは，理論的には成熟したものであり，説明と事例でオリジナリティを出すしかない．わかりやすい説明と事例は，今後執筆者の方々が，さまざまな機会で講義を行うときに，もっとも大切にすべきことと考えているからである．初学者の方々にとって，有用な参考書になると期待している

　本書の出版の機会を与えていただき，本書の出版において多くのご尽力をいただいた日科技連出版社の戸羽節文氏，鈴木兄宏氏，田中延志氏には，感謝申し上げたい．また，20年前の私の世代といっても，現在ははるかに忙しい状況であるにもかかわらず，丁寧に執筆していただいた梶原千里先生(早稲田大学)，金子雅明先生(東海大学)，川村大伸先生(筑波大学)，佐野雅隆先生(東京理科大学)，安井清一先生(東京理科大学)には厚く御礼申し上げたい．

2015年3月

早稲田大学教授　棟近雅彦

まえがき

　回帰分析は，統計的品質管理(SQC：Statistical Quality Control)において，幅広く使われる手法である．回帰分析によって得られる結論は，興味のある対象である y が，さまざまな変数 x を用いてどのように説明できるか，また，どの程度説明できるのかということである．

　回帰分析を実施する目的として，『シリーズ入門統計的方法2　回帰分析』(久米均，飯塚悦功 著，岩波書店，1987年)では，①構造推定，②制御，③予測，④変動要因解析を挙げている．本書では，とくに②の制御と③の予測を主な用途と考えて説明する．

　制御とは，y の値を狙った値にするために，x の値をどのような範囲にすればよいかを検討することである．例えば，ある製品の収量 y を最大にする工程の条件として，「温度は何℃がよいのか」「添加剤の量はどの程度にすればよいか」などを考えることである．一方，予測とは，y の値をそれ以外の値から計算によって求めることである．また，興味のある特性 y の計測が困難である場合に，y を測定する代わりに，他の特性を用いて y の値をどのように予測するとよいかを検討することもある．例えば，破壊試験でしか求められない値について，非破壊試験で得られるデータを用いて計算する場合などが考えられる．

　上記の問題について，計画的にデータをとることができる場合には，必ずしも回帰分析を適用する必要はない．『実践的SQC(統計的品質管理)入門講座2　実験計画法』(棟近雅彦 監修，安井清一 著，日科技連出版社，2015年)にもとづいて実験を計画し，分析することで効率的に結論を得ることができることが多いであろう．回帰分析は，実験の計画は立てたものの，思いどおりにはデータをとることができなかった場合や，計画的にとられたデータではないけれども，それらのデータから何らかの知見を取り出したい場合などに用いるとその

効果を体感しやすい．

　最近では，大量のデータを手に入れることが困難ではなくなった．集めてきたデータをパソコンに入れて，とにかく解析してみると，それらしい結果が得られるように見える．しかし，式の意味をこれまでの知見と照らし合わせると，なかなか解釈ができないことがある．また，分析用のデータについては，y と x の関係をうまく表してくれるように見えた式も，実際にその式を用いる際には，思ったほどには役に立たないということがある．

　本書は，技術者が SQC を実施する際に，必要と思われる数理的背景について簡単に触れ，事例をもとにして，回帰分析をどのように使うのかを主眼に記述したつもりである．数式の展開については，理解しやすいことを優先するため，あえて冗長にしている箇所も多い．数式の処理に長けた読者には，多少読みづらくなっているかもしれないが，そのような意図があることをご理解いただけると幸いである．

　なお，本文中には具体的なデータを示しているが，これらのデータ表については，一部を日科技連出版社の Web ページ (http://www.juse-p.co.jp/) からダウンロードできる．実際に計算する際には活用していただきたい．

　本書を執筆するにあたり，出版を企画してくださり，多大なご尽力をいただいた日科技連出版社の戸羽節文氏，鈴木兄宏氏，田中延志氏には，大変お世話になった．原稿がなかなか進まず，ご迷惑とご心配を何度もおかけしたにもかかわらず，出版まで辿りつけたのは迅速で正確な対応のおかげである．この場をお借りしてお詫びと御礼を申し上げたい．また，本書の執筆の機会を与えていただき，執筆の過程で有益なご指摘，ご助言をいただいた監修者の棟近雅彦先生 (早稲田大学) にも，心より厚く御礼申し上げる．本書の企画および構成に関してご助言をいただいた金子雅明先生 (東海大学)，川村大伸先生 (筑波大学)，梶原千里先生 (早稲田大学)，安井清一先生 (東京理科大学) にも感謝の意を表したい．

2016 年 1 月

佐野　雅隆

回帰分析
目 次

監修者のことば　*iii*
まえがき　*v*

第1章　相関と回帰 —————————————————1
　1.1　2変数のヒストグラム
　　　—2つの変数の関係を視覚的に把握する　その1— ……………*1*
　1.2　散布図—2つの変数の関係を視覚的に把握する　その2— …………*6*
　1.3　相関係数—2つの変数の関係を定量的に把握する— ……………*13*
　　1.3.1　相関係数とは ……………………………………………*13*
　　1.3.2　相関係数に関する検定 …………………………………*19*
　　1.3.3　相関係数に関する推定 …………………………………*24*
　1.4　相関係数を用いるときの注意点 ……………………………*26*

第2章　単回帰分析 —————————————————31
　2.1　単回帰分析とは ………………………………………………*31*
　2.2　最小2乗法 ……………………………………………………*34*
　2.3　得られた式の解釈 ……………………………………………*42*
　2.4　残差の検討 ……………………………………………………*46*
　2.5　単回帰に関する検定と推定 …………………………………*57*
　2.6　解 析 事 例 ……………………………………………………*70*
　2.7　繰返しがある場合の単回帰 …………………………………*80*
　2.8　回帰の逆推定 …………………………………………………*82*
　2.9　変 数 変 換 ……………………………………………………*84*

2.10 解 析 事 例 ……………………………………………… *86*

第3章 重回帰分析 ——————————————————*101*

3.1 重回帰分析とは ………………………………………… *101*
3.2 回帰係数の推定方法 …………………………………… *106*
3.3 回帰式の解釈 …………………………………………… *109*
3.4 変 数 選 択 ……………………………………………… *113*
3.5 質的な変数を含む重回帰分析 ………………………… *115*
3.6 多重共線性 ……………………………………………… *116*
3.7 分 析 事 例 ……………………………………………… *118*

第4章 その他の手法 ——————————————————*129*

4.1 中心複合計画を用いた応答曲面法 …………………… *129*
   4.1.1 一元配置法の実験データの解析 ………………… *129*
   4.1.2 二元配置法の実験データの解析 ………………… *140*
   4.1.3 中心複合計画 ……………………………………… *148*
4.2 ロジスティック回帰 …………………………………… *157*

付　　表 ————————————————————————*171*

参 考 文 献 ……………………………………………………… *183*
索　　引 ………………………………………………………… *185*

第1章
相関と回帰

1.1 2変数のヒストグラム
―2つの変数の関係を視覚的に把握する その1―

　製品の収量 y（単位：g）とその際の加工温度 x（単位：℃）との関係を調べるため，日常の操業データを整理してみたところ，表 1.1 に示すような 50 組のデータが得られたとする．収量と加工温度の間に，どのような関係があるかを調べるための分析方法を考える．収量や温度のように連続した値をとる場合に，データの分布を視覚的に把握するための道具として，ヒストグラム（Histogram）がある．ヒストグラムは，データにもとづいて区間を作成し，それぞれのデータがどの区間に入っているかを数えて（これを度数という），区間を横軸に，度数を縦軸にしてグラフ化したものである．図 1.1 と図 1.2 に，製品の収量 y とその際の加工温度 x のヒストグラムをそれぞれ示す．

　また，表 1.1 のデータをもとにして，基本的な統計量を計算した結果を表 1.2 に示す．収量 y の最大値と最小値は，それぞれ 99.0（No.33）と 42.5（No.43）である．温度 x の最大値と最小値は，80.8（No.33）と 36.2（No.43）である．したがって，y が最大のとき，x も最大となっており，y が最小のときに x も最小の値をとっていることがわかる．

　表 1.2 に示す基本統計量は，以下のように計算できる．ここで，平均値は，

$$\bar{y} = \frac{1}{n}\sum_{i=1}^{n} y_i = \frac{1}{50} \times 3473.9 = 69.48$$

$$\bar{x} = \frac{1}{n}\sum_{i=1}^{n} x_i = \frac{1}{50} \times 2903.6 = 58.07$$

表 1.1 製品の収量 y (単位:g) と温度 x (単位:℃)

No.	収量 y	温度 x	No.	収量 y	温度 x	No.	収量 y	温度 x
1	69.8	59.8	18	58.8	50.3	35	58.0	48.0
2	68.9	59.8	19	57.4	50.6	36	69.2	55.6
3	63.7	54.3	20	76.8	64.2	37	80.4	67.9
4	65.5	54.0	21	71.5	57.7	38	64.2	54.1
5	73.0	61.9	22	61.2	53.2	39	87.8	72.9
6	79.6	68.2	23	62.8	52.6	40	73.5	61.8
7	63.5	53.0	24	74.6	60.9	41	55.6	47.1
8	78.3	63.7	25	72.6	59.6	42	64.1	54.0
9	59.0	49.5	26	63.3	50.8	43	42.5	36.2
10	56.6	49.6	27	70.2	57.0	44	77.6	66.4
11	83.0	70.5	28	59.8	49.6	45	72.1	57.7
12	81.8	65.9	29	68.7	57.4	46	53.4	44.5
13	61.3	50.8	30	57.3	49.3	47	66.1	57.7
14	79.4	66.1	31	83.5	69.1	48	47.8	41.3
15	78.0	64.1	32	64.3	51.5	49	74.7	60.8
16	90.5	76.4	33	99.0	80.8	50	79.1	67.6
17	80.1	68.3	34	74.0	59.5			

である。ここで，y の平均値は，y の上に棒を引いて表し，ワイバーと読む（x についても同様にエックスバーと読む）．$\sum_{i=1}^{n} y_i$, $\sum_{i=1}^{n} x_i$ は，それぞれ 50 個の y の合計と 50 個の x の合計である．$\sum$ の記号は，和を表し，$\sum_{i=1}^{n} x_i$ は，i が 1 番目から n 番目までの $x_1, \cdots, x_n$ を合計した値を意味する．すなわち，これは表 **1.2** の合計の欄にそれぞれ書かれている値のことである．

標準偏差は，それぞれ以下によって求められる．

$$s_y = \sqrt{V_y} \quad , \quad s_x = \sqrt{V_x}$$

1.1 2変数のヒストグラム—2つの変数の関係を視覚的に把握する その1— 3

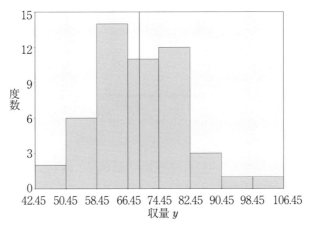

図1.1 収量 y のヒストグラム ($n=50$)

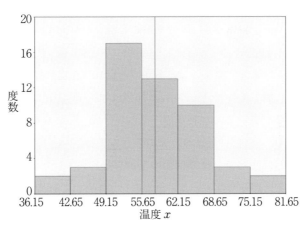

図1.2 温度 x のヒストグラム ($n=50$)

表1.2 基本統計量

変数名	n	合計	最小値	最大値	平均値	標準偏差
収量 y	50	3473.9	42.5	99.0	69.48	11.12
温度 x	50	2903.6	36.2	80.8	58.07	9.01

$$V_y = \frac{S_y}{n-1} = \frac{\sum_{i=1}^{n}(y_i - \bar{y})^2}{n-1} = \frac{\sum_{i=1}^{n} y_i^2 - \frac{(\sum_{i=1}^{n} y_i)^2}{n}}{n-1}$$

$$V_x = \frac{S_x}{n-1} = \frac{\sum_{i=1}^{n}(x_i - \bar{x})^2}{n-1} = \frac{\sum_{i=1}^{n} x_i^2 - \frac{(\sum_{i=1}^{n} x_i)^2}{n}}{n-1}$$

ここで，小文字のsを用いて表されているのが標準偏差であり，Vが分散，大文字のSを用いて表されているのが平方和である．表1.1のデータに基づいて計算すると，それぞれ，$s_y=11.12$，$s_x=9.01$となる．

図1.1より，製品の収量yは，正規分布のように見える（ピークが2つあるようにも見えるが，$n=50$であるため，分布の形について厳密な議論をすることは避ける）．中心の位置は，図1.1より分布の中心に位置しているように見え，表1.2より，平均値で69.48であることがわかる．ばらつきは，標準偏差で11.12となっている．

一方で，図1.2より，温度xは，収量yと同様に正規分布のように見える．中心の位置は，図1.1より分布の中心に位置しているように見え，表1.2より，平均値で58.07であることがわかる．ばらつきは，標準偏差で9.01となっている．

正規分布では，平均値に標準偏差の2倍を足し引きした範囲に，約95%のデータが入ることが知られている．以上のことから，これまでの操業では，収量についての約95%のデータが69.48gを中心にして47.24g～91.72gの範囲内に収まることがわかる．同様に，温度についての約95%のデータは58.07℃を中心にして，40.05℃～76.09℃の範囲内に収まることがわかる．

以上の分析では，それぞれの値がどのような傾向になっているかということがわかっても，お互いの値の関係については把握できない．そこで，収量yと温度xの関係を表すことを考える．それぞれのヒストグラムのもととなっている度数分布表は，それぞれ表1.3と表1.4である．xとyの組合せが，ど

1.1 2変数のヒストグラム—2つの変数の関係を視覚的に把握する　その1—

表 1.3 収量 y の度数分布表 ($n=50$)

収量 y	度数
42.450 以上　50.450 未満	2
50.450 以上　58.450 未満	6
58.450 以上　66.450 未満	14
66.450 以上　74.450 未満	11
74.450 以上　82.450 未満	12
82.450 以上　90.450 未満	3
90.450 以上　98.450 未満	1
98.450 以上　106.450 以下	1
合計	50

表 1.4 温度 x の度数分布表 ($n=50$)

温度 x	度数
36.150 以上　42.650 未満	2
42.650 以上　49.150 未満	3
49.150 以上　55.650 未満	17
55.650 以上　62.150 未満	13
62.150 以上　68.650 未満	10
68.650 以上　75.150 未満	3
75.150 以上　81.650 以下	2
合計	50

表 1.5 収量 y と温度 x のクロス集計表 ($n=50$)

収量 y	温度 x							総計
	36.15〜42.65	42.65〜49.15	49.15〜55.65	55.65〜62.15	62.15〜68.65	68.65〜75.15	75.15〜81.65	
42.45〜50.45	2							2
50.45〜58.45		3	3					6
58.45〜66.45			13	1				14
66.45〜74.45			1	10				11
74.45〜82.45				2	10			12
82.45〜90.45						3		3
90.45〜98.45							1	1
98.45〜106.45							1	1
総計	2	3	17	13	10	3	2	50

の度数に含まれるかを集計したものをクロス集計とよび，**表 1.5** に示す．

クロス集計表では，度数の並び方に関係があるかどうかを見るとよい．①一方の値が大きくなると，他方の値が大きくなる場合，②一方の値が大きくなると，他方の値が小さくなる場合，③一方の値が大きくなっても，他方の値には変化がないような場合のいずれに当てはまるかを考える．

表 1.5 にある棒の長さは，区間の度数に対応している．度数が最も大きい区間は，収量 y が 58.45〜66.45 であり，温度 x が 49.15〜55.65 を満たす場合であり，13 個のデータが該当する．表の全体を見ると，左上から右下にかけて値が並んでいるように見える．すなわち，温度 x が高くなると，収量 y は

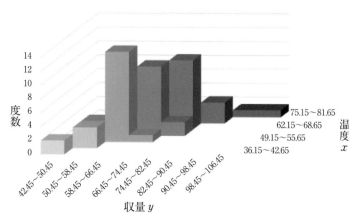

図 1.3 製品の収量 y(単位:g)と温度 x(単位:℃)のヒストグラム

高くなる傾向にありそうである.

表 1.5 をもとに,収量 y,温度 x と度数を次元として,3 次元のヒストグラムを描くことができる.例えば,図 1.3 のようになる.

しかし,図 1.3 からもわかるように,紙面上で全体像を把握することは難しい.スクリーン上で,各軸を回転させながら考察することは可能であるが,ヒストグラムを用いて両者の関係を考察することは困難を伴う.

1.2 散布図
——2 つの変数の関係を視覚的に把握する その 2——

1.1 節では,それぞれの度数分布表をもとにしてクロス集計表にまとめることで,2 つの変数の関係を分析した.ヒストグラムを拡張するという立場に立った分析よりも自然な分析方法として,それぞれの生のデータを 2 次元平面の xy 軸にプロットすることが考えられる.この図を散布図とよぶ.データの組合せが,通常 30 以上あるときに用いられる.2 つの変数のうち,どちらの変数を x 軸にしてもグラフ上は同じ意味であるが,興味のある対象を y 軸に配置し,それに影響を与えていると考える変数を x 軸にするとよい.表 1.1 のデータを元に作成した散布図を図 1.4 に示す.

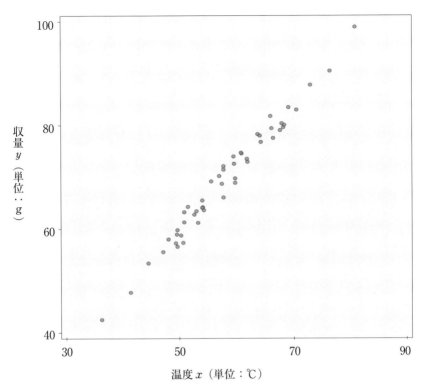

図 1.4 製品の収量 y（単位：g）と温度 x（単位：℃）の散布図

散布図を見るときに，まず着目するのは全体的な値の傾向である．ヒストグラムでは分布の形を見ていたが，散布図では，どのような範囲に値が散らばっているかを観察するとよい．とくに，2つの変数の間の関係に興味があるときに作成するので，以下の3つのどのパターンに当たるかを見極めるとよい．それは **1.1** 節に示したクロス集計表と同様に，①一方の値が大きくなると，他方の値が大きくなる場合，②一方の値が大きくなると，他方の値が小さくなる場合，③一方の値が大きくなっても，他方の値には変化がないような場合，である．**図 1.5** に3つのパターンを示した．それぞれ左から①，②，③の順である．

2つの変数の間に，直線的な関係があることを，「相関がある」とよぶ．先

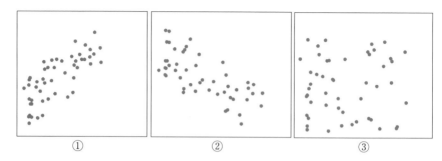

図 1.5 散布図の 3 つのパターン

ほどの①のパターンを「正の相関がある」とよび，②のパターンを「負の相関がある」とよぶ．③のパターンは，相関がない場合である．

次に観察する点は，他の値から飛び離れた値がないかどうかである．飛び離れた値のことを，外れ値とよぶ．外れ値に着目するべき理由，また，外れ値に遭遇したときに実施すべき対処については，別途述べる．図 1.6 では，囲んだ箇所に他のデータの組合せとは異質なデータが混ざっていることが観察される．

散布図を見る際には，以上の 2 点に加えて重要な視点があと 2 つある．

1 つは，層別の必要性を検討することである．データのなかに，2 つ以上の異質な集団が混在している場合に，本来は x と y の間には相関があるにもかかわらず，全体としては相関がないよう見えてしまうことがある．

例えば，図 1.7 に示した散布図のように，実線で囲まれた部分と，点線で囲まれた部分のそれぞれに着目すると相関があるにもかかわらず，散布図全体では相関が見られない場合がある．このとき，事前に層別因子の候補があれば，さまざまに層別するとよい．認識していない層別因子によって，それぞれの層内には相関があるにもかかわらず全体では相関が見られない可能性がある．

一方で，図 1.8 に示した散布図では，全体では相関があるように見えるものの，実線で囲まれた部分と，点線で囲まれた部分のそれぞれにおいては，全体の散布図で見られたほどの強い相関は見られないか，相関があるようには見えない．すなわち，見かけ上相関があったとしても，層別因子の違いによって，

1.2 散布図—2つの変数の関係を視覚的に把握する その2— 9

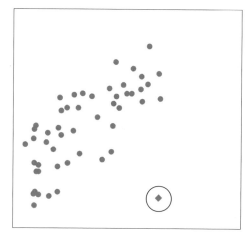

図1.6 外れ値を含む散布図（丸で囲んだデータが外れ値）

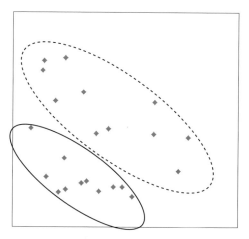

図1.7 層別するとそれぞれ相関が見られる場合

全体の違いが説明されているだけであって，いま着目している変数間の関係が現れているわけではないこともある．

したがって，散布図で把握している相関は，どこを全体として見ているのかをよく吟味して解釈する必要がある．場合によっては，層別を検討して知りた

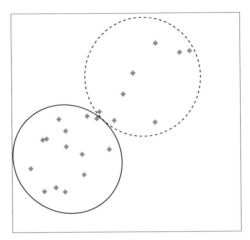

図 1.8 層別すると相関が弱まる場合

い2つの変数間の関係を正しく把握できるように配慮することが必要である．

もう1つの視点は，調査範囲との関係である．上記で行った層別の必要性の検討に類似しているが，x と y に弱い関係があったときに，調査範囲を相対的に広くとると相関が強調されて見えることがある．一方で，本来は強い相関があるにもかかわらず，相対的に狭い範囲のみで調査していると，弱い相関しか見られないか，無相関と思われることがあり，相関を見逃すことがある．また，直線関係ではない関係があったときには，調査する範囲によっては正の相関や負の相関のみに着目してしまう危険性もある．その他にも，調査範囲をどのように設定しているかによって，得られた散布図における相関の有無と，2つの変数間の関係とが一致しないことがある．

これらを図示すると，以下のようになる．図 1.9 の全体の散布図では，正の相関が見られる．一方で，実線の範囲のみに限定すると，ほとんど相関はないように見える．例えば，実線内のみが実際の操業範囲であったり，規格によって選別された値の組合せであったりした場合，両者の関係を誤って判断してしまうことになる．

一方で，図 1.10 のような場合では，全体を見れば曲線の関係になっている

1.2 散布図—2つの変数の関係を視覚的に把握する　その2—

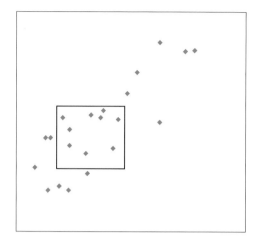

図1.9 相関が強調されたり，弱まったりする場合

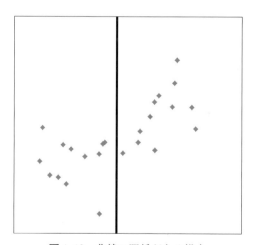

図1.10 曲線の関係がある場合

ことがわかるが，中心に引いた線の左側のみに着目していると，負の相関があるように見え，線の右側では正の相関があるように見える．

したがって，層別の有無でも述べたように，どこを全体として見ているのかをよく吟味して解釈する必要がある．とくに，実際の操業データでは，それぞ

れの水準を，意図的にある範囲に入るようにしていることが多いため，その範囲内での関係がどのようになっているか，範囲を広げたときにどのような関係になっているかを検討することは有用である．

以上をまとめると，散布図を見る際は，以下の4点に着目するとよい．

① 全体的な値の傾向

② 外れ値の有無

③ 層別の必要性の検討

④ 調査範囲との関係

以上の点を参考に，表1.1のデータを考察する．図1.3では，収量yに興味があるため，y軸にプロットし，収量yに影響していると考えられた温度xをx軸にプロットしている．図1.3より，全体的な値の傾向として，温度xが大きくなればなるほど，収量yが大きくなっていることがわかる．また，外れ値については，特に見当たらない．

もう少し詳しく散布図を見ると，表1.5からもわかることではあるが，より詳細な情報を得ることができる．例えば，温度xの値が大きくなればなるほど，収量yが直線的に大きくなっている．温度xが50℃から60℃に上昇した際には，収量yは約60gから約70gと10g増加しており，温度xが60℃から70℃に上昇した際にも，収量yは約10g増加している．すなわち，今回得られたxの範囲においては，yの増加の程度は，どこでも同じ程度であることがわかる．また，温度が50℃近辺では，収量は55g～60gの範囲に散らばっていることがわかる．増加の程度と同様に，別の温度の近辺でも5g程度の幅に収まっていることがわかる．

層別の必要性や調査範囲については，現段階ではこれ以外に情報がないのでよくわからない．

1.3 相関係数
―2つの変数の関係を定量的に把握する―

1.3.1 相関係数とは

1.2節では,散布図を用いて2つの変数の関係を明らかにした.興味のある対象であるyに対して,変数を例えば5個とりあげて,yとそれぞれの変数で作成した散布図が5つ得られたとする.yを最もよく説明する変数を選ぶために,それぞれの散布図における2つの変数の関係の強さを定量的に捉えて,比較することができれば便利である.

このような2変数間の直線的な関係の強さを定量的に表す尺度として,相関係数 (correlation coefficient) がある.相関係数は,ふつうrを用いて表され,以下の式で定義される.

$$r = \frac{S_{xy}}{\sqrt{S_{xx}S_{yy}}} \tag{1.1}$$

ここで,S_{xx}, S_{yy}, S_{xy} はそれぞれxの偏差平方和,yの偏差平方和,xとyの偏差積和の値であり,xとyについてのn組のデータからは,以下の式で計算できる.

$$S_{xx} = \sum_{i=1}^{n}(x_i - \bar{x})^2$$

$$S_{yy} = \sum_{i=1}^{n}(y_i - \bar{y})^2$$

$$S_{xy} = \sum_{i=1}^{n}(x_i - \bar{x})(y_i - \bar{y})$$

ここで,

$$\bar{x} = \frac{1}{n}\sum_{i=1}^{n}x_i$$

$$\bar{y} = \frac{1}{n}\sum_{i=1}^{n}y_i$$

であり，それぞれの平均値を表している．すなわち，x の偏差平方和とは，それぞれの x の値から x の平均値を引いたものを 2 乗した値を n 個分足し合わせたものである．一方で，y の偏差平方和は，それぞれの y の値から y の平均値を引いたものを 2 乗した値を n 個分足し合わせたものである．また，xy の偏差積和とは，それぞれの x の値から x の平均値を引いたものと，それぞれの y の値から y の平均値を引いたものの積を n 個分足し合わせたものである．

計算を簡単にするために，

$$S_{xx} = \sum_{i=1}^{n}(x_i - \overline{x})^2 = \sum_{i=1}^{n} x_i^2 - \frac{(\sum_{i=1}^{n} x_i)^2}{n}$$

$$S_{yy} = \sum_{i=1}^{n}(y_i - \overline{y})^2 = \sum_{i=1}^{n} y_i^2 - \frac{(\sum_{i=1}^{n} y_i)^2}{n}$$

$$S_{xy} = \sum_{i=1}^{n}(x_i - \overline{x})(y_i - \overline{y}) = \sum_{i=1}^{n} x_i y_i - \frac{(\sum_{i=1}^{n} x_i)(\sum_{i=1}^{n} y_i)}{n}$$

とすることが多い．こうすることによって，x の偏差平方和 S_{xx} は，それぞれの x の値の 2 乗の和と，それぞれの x の和を求めることで計算できる．y の偏差平方和 S_{yy} についても同様であり，なお，この等号が成り立つのは，

$$\sum_{i=1}^{n}(x_i - \overline{x})^2 = \sum_{i=1}^{n}(x_i^2 - 2x_i\overline{x} + \overline{x}^2)$$

$$= \sum_{i=1}^{n} x_i^2 - 2\overline{x}\sum_{i=1}^{n} x_i + \overline{x}^2 \sum_{i=1}^{n} 1$$

(注) $\overline{x}$ は平均値であり，i が変わっても変わらないので，$\sum$ の中にあるものは外に出すことができる．

と展開でき，さらに，$\overline{x} = \frac{1}{n}\sum_{i=1}^{n} x_i$, $\sum_{i=1}^{n} 1 = n$ より，

$$\sum_{i=1}^{n} x_i^2 - 2\overline{x}\sum_{i=1}^{n} x_i + \overline{x}^2 \sum_{i=1}^{n} 1 = \sum_{i=1}^{n} x_i^2 - 2 \times \frac{1}{n}\sum_{i=1}^{n} x_i \sum_{i=1}^{n} x_i + n(\frac{1}{n}\sum_{i=1}^{n} x_i)^2$$

$$= \sum_{i=1}^{n} x_i^2 - \frac{2}{n}(\sum_{i=1}^{n} x_i)^2 + \frac{1}{n}(\sum_{i=1}^{n} x_i)^2$$

$$= \sum_{i=1}^{n} x_i^2 - \frac{1}{n}(\sum_{i=1}^{n} x_i)^2$$

と書けるためである．y についても同様にして展開できるので，確認するとよ

1.3 相関係数—2つの変数の関係を定量的に把握する—

い.

また，xyの偏差積和S_{xy}についても，それぞれのxとyの積の和と，xの和，yの和を求めることで計算できる．なお，この等号が成り立つのは，以下のように書けるためである．

$$\sum_{i=1}^{n}(x_i-\bar{x})(y_i-\bar{y}) = \sum_{i=1}^{n}(x_iy_i - x_i\bar{y} - \bar{x}y_i + \overline{xy})$$

$$= \sum_{i=1}^{n} x_iy_i - \bar{y}\sum_{i=1}^{n} x_i - \bar{x}\sum_{i=1}^{n} y_i + \overline{xy}\sum_{i=1}^{n} 1$$

$$= \sum_{i=1}^{n} x_iy_i - \frac{1}{n}\sum_{i=1}^{n} y_i \sum_{i=1}^{n} x_i - \frac{1}{n}\sum_{i=1}^{n} x_i \sum_{i=1}^{n} y_i + \frac{1}{n}\sum_{i=1}^{n} x_i \times \frac{1}{n}\sum_{i=1}^{n} y_i \times n$$

$$= \sum_{i=1}^{n} x_iy_i - \frac{1}{n}\sum_{i=1}^{n} x_i \sum_{i=1}^{n} y_i - \frac{1}{n}\sum_{i=1}^{n} x_i \sum_{i=1}^{n} y_i + \frac{1}{n}\sum_{i=1}^{n} x_i \sum_{i=1}^{n} y_i$$

$$= \sum_{i=1}^{n} x_iy_i - \frac{1}{n}\sum_{i=1}^{n} x_i \sum_{i=1}^{n} y_i$$

$$= \sum_{i=1}^{n} x_iy_i - \frac{(\sum_{i=1}^{n} x_i)(\sum_{i=1}^{n} y_i)}{n}$$

相関係数rは，

$$-1 \leq r \leq 1 \tag{1.2}$$

である．すなわち，-1〜1の間の値をとる値となる．相関係数rが1のときは，xとyが右上がりの一直線上の値の組合せしかとらないときであり，相関係数rが-1のときは，xとyが右下がりの一直線上の値の組合せしかとらないときである．相関係数が0のときは，点がばらばらに散らばった状態である．

図1.4では，①のパターンを「正の相関がある」とよぶと述べたが，これは相関係数の値を計算すると0〜1の間の正の値をとるためである．同様に，②のパターンを「負の相関がある」とよぶのは，相関係数の値を計算すると-1〜0の間の負の値をとるからである．③のパターンは，相関がないとされ，0に近い値をとる．

相関係数の値は，データ数によっても変動するため，どの値以上であれば強いといえるのかについて厳密にいうことはできないが，-0.9より小さい場合

や 0.9 より大きな場合について,「強い相関がある」などということがある.
0.3 より大きな場合や −0.3 より小さい場合に,「弱い相関がある」ともいう.
図 1.11 には,$r=0.89$ の場合の散布図を示し,図 1.12 には $r=0.25$ の散布図を示す.どちらもデータ数は 30 である.

図 1.11 に比べて,図 1.12 ではデータの散らばり方が広がっているように見える.実際には,相関係数を求めるだけではなく,散布図と合わせて考察することが重要である.また,2 つの変数間に,直線的な関係があるかどうかを検

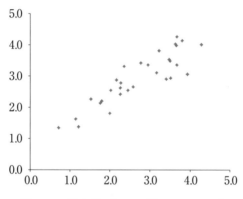

図 1.11　散布図 1(データ数 30,$r=0.89$)

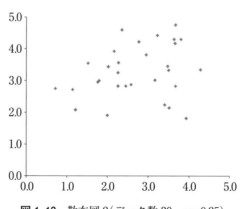

図 1.12　散布図 2(データ数 30,$r=0.25$)

討するために，相関係数に関する検定を行うこともできる．すなわち，相関係数が 0 であるかどうかの検定を行い，棄却されれば両者には直線的な関係があるといえる．詳しくは，**1.3.2 項**を参照いただきたい．

相関係数 r を 2 乗した r^2 を寄与率とよび，y の変動のうち x の変動で説明できる割合を示す．先ほどの相関係数の値がとる範囲から，以下のようになる．

$$0 \leq r^2 \leq 1 \tag{1.3}$$

寄与率は，**第 2 章**以降の回帰分析においても重要な値であるので，**第 2 章**以降で，再度説明する．

ここまでの内容を，**表 1.1** のデータに当てはめて検討する．計算を簡単にするため，y^2, x^2, xy の値を追加した表を**表 1.6** に示す．

相関係数 r は，

$$S_{xx} = \sum_{i=1}^{n}(x_i - \overline{x})^2 = \sum_{i=1}^{n} x_i^2 - \frac{(\sum_{i=1}^{n} x_i)^2}{n}$$

$$= 172591.40 - \frac{2903.6^2}{50} = 172591.40 - 168617.86 = 3973.54$$

$$S_{yy} = \sum_{i=1}^{n}(y_i - \overline{y})^2 = \sum_{i=1}^{n} y_i^2 - \frac{(\sum_{i=1}^{n} y_i)^2}{n}$$

$$= 247416.81 - \frac{3473.9^2}{50} = 247416.81 - 241359.62 = 6057.19$$

$$S_{xy} = \sum_{i=1}^{n}(x_i - \overline{x})(y_i - \overline{y})$$

$$= \sum_{i=1}^{n} x_i y_i - \frac{(\sum_{i=1}^{n} x_i)(\sum_{i=1}^{n} y_i)}{n}$$

$$= 206581.91 - \frac{2903.6 \times 3473.9}{50} = 206581.91 - 201736.32 = 4845.59$$

であるから，

$$r = \frac{S_{xy}}{\sqrt{S_{xx}S_{yy}}} = \frac{4845.59}{\sqrt{3973.54 \times 6057.19}}$$

$$= \frac{4845.59}{\sqrt{24068474.9}} = \frac{4845.59}{4905.96} = 0.988$$

表1.6 表1.1のデータ(再掲)

No.	収量 y	温度 x	y_2	x_2	xy
1	69.8	59.8	4872.04	3576.04	4174.04
2	68.9	59.8	4747.21	3576.04	4120.22
3	63.7	54.3	4057.69	2948.49	3458.91
4	65.5	54.0	4290.25	2916.00	3537.00
5	73.0	61.9	5329.00	3831.61	4518.70
6	79.6	68.2	6336.16	4651.24	5428.72
7	63.5	53.0	4032.25	2809.00	3365.50
8	78.3	63.7	6130.89	4057.69	4987.71
9	59.0	49.5	3481.00	2450.25	2920.50
10	56.6	49.6	3203.56	2460.16	2807.36
11	83.0	70.5	6889.00	4970.25	5851.50
12	81.8	65.9	6691.24	4342.81	5390.62
13	61.3	50.8	3757.69	2580.64	3114.04
14	79.4	66.1	6304.36	4369.21	5248.34
15	78.0	64.1	6084.00	4108.81	4999.80
16	90.5	76.4	8190.25	5836.96	6914.20
17	80.1	68.3	6416.01	4664.89	5470.83
18	58.8	50.3	3457.44	2530.09	2957.64
19	57.4	50.6	3294.76	2560.36	2904.44
20	76.8	64.2	5898.24	4121.64	4930.56
21	71.5	57.7	5112.25	3329.29	4125.55
22	61.2	53.2	3745.44	2830.24	3255.84
23	62.8	52.6	3943.84	2766.76	3303.28
24	74.6	60.9	5565.16	3708.81	4543.14
25	72.6	59.6	5270.76	3552.16	4326.96
26	63.3	50.8	4006.89	2580.64	3215.64
27	70.2	57.0	4928.04	3249.00	4001.40
28	59.8	49.6	3576.04	2460.16	2966.08
29	68.7	57.4	4719.69	3294.76	3943.38
30	57.3	49.3	3283.29	2430.49	2824.89
31	83.5	69.1	6972.25	4774.81	5769.85
32	64.3	51.5	4134.49	2652.25	3311.45
33	99.0	80.8	9801.00	6528.64	7999.20
34	74.0	59.5	5476.00	3540.25	4403.00
35	58.0	48.0	3364.00	2304.00	2784.00
36	69.2	55.6	4788.64	3091.36	3847.52
37	80.4	67.9	6464.16	4610.41	5459.16
38	64.2	54.1	4121.64	2926.81	3473.22
39	87.8	72.9	7708.84	5314.41	6400.62
40	73.5	61.8	5402.25	3819.24	4542.30
41	55.6	47.1	3091.36	2218.41	2618.76
42	64.1	54.0	4108.81	2916.00	3461.40
43	42.5	36.2	1806.25	1310.44	1538.50
44	77.6	66.4	6021.76	4408.96	5152.64
45	72.1	57.7	5198.41	3329.29	4160.17
46	53.4	44.5	2851.56	1980.25	2376.30
47	66.1	57.7	4369.21	3329.29	3813.97
48	47.8	41.3	2284.84	1705.69	1974.14
49	74.7	60.8	5580.09	3696.64	4541.76
50	79.1	67.6	6256.81	4569.76	5347.16
合計	3473.9	2903.6	247416.81	172591.40	206581.91

1.3 相関係数—2つの変数の関係を定量的に把握する—

と求めることができる.

相関係数 r の2乗である寄与率は,

$$r^2 = 0.988^2 = 0.976$$

と求めることができる. すなわち, y の変動のうち, 97.6% は x の変動で説明できることがわかった.

1.3.2 相関係数に関する検定

サンプリングによって得たデータにもとづいて計算された相関係数は, もう1回サンプリングをして得られたデータにもとづいて計算した相関係数と完全に一致することはない. 同じようにデータをとっても, 得られる相関係数は異なるのがふつうである. したがって, 得られたサンプルにもとづいて相関係数を計算して, 母集団における相関関係の有無を検定することが考えられる.

この検定を考えるためには, 母集団の相関関係を表す母相関係数 ρ（ぽ・そうかんけいすう, ギリシャ文字でロー）を想定し, そこから得たサンプルの x と y にもとづいて相関係数 r を計算したときに, 相関係数 r がどのような分布になるかを考える必要がある.

まず, 母相関係数が 0, すなわち $\rho=0$ のときの相関係数 r の分布を考えることで, 相関の有無を検定することができるので, この場合について詳しく述べる. $\rho=0$ のときに, サンプリングして相関係数 r を計算する. このとき,

$$t = \frac{r\sqrt{n-2}}{\sqrt{1-r^2}} \tag{1.4}$$

とすると, t は自由度 $\phi=n-2$ の t 分布に従う. この性質を用いて, 相関がないことを帰無仮説とした検定を行うことができる. これを無相関の検定とよぶ.

さらに, データの組合せの数 n が与えられたときに有意水準 α で有意となる相関係数 r の値を計算できるため, これらの値を表にまとめた r 表（巻末の付表10）を用いることで, 得られた相関係数 r と比較して有意かどうかを判定できる.

検定の手順を以下に示す.

【無相関の検定手順】

手順1 仮説の設定

　　　　帰無仮説　$H_0 : \rho = 0$

　　　　対立仮説　$H_1 : \rho \neq 0$

手順2 有意水準の決定（通常は $\alpha = 0.05$ とする）

手順3 相関係数 r の計算

$$r = \frac{S_{xy}}{\sqrt{S_{xx}S_{yy}}}$$

手順4 r 表を用いた棄却限界値の読み取り

　$\phi = n-2$ の r 表から棄却限界値を読み取る．これを $r(n-2, \alpha)$ と書く．

手順5 判定

　　　　$R : |r| \geq r(n-2, \alpha)$

が成立していれば，帰無仮説 H_0 を棄却し，対立仮説 H_1 を採用する．すなわち，x と y の間には相関があるといえる．一方，

　　　　$R : |r| < r(n-2, \alpha)$

のときには，帰無仮説 H_0 を棄却できない．すなわち，x と y の間には相関があるとはいえない．

【表1.1のデータに対する無相関の検定】

　表1.6のデータについて，無相関の検定を実施する．1.3.1項より，$n = 50,\ r = 0.988$ である．

1.3 相関係数—2つの変数の関係を定量的に把握する—

手順1 仮説の設定

　　　帰無仮説　$H_0 : \rho = 0$

　　　対立仮説　$H_1 : \rho \neq 0$

手順2 有意水準を $\alpha = 0.05$ とする

手順3 相関係数 r の計算

　　　$r = 0.988$

手順4 r 表を用いた棄却限界値の読み取り

　　　$\phi = n - 2 = 50 - 2 = 48$

　$r(48, 0.05)$ の値は，r 表（巻末の付表10）には掲載されていない．しかし，

　　　$r(40, 0.05) = 0.3044$

　　　$r(50, 0.05) = 0.2732$

であることから，0.2732 と 0.3044 の間にあることがわかる．したがって，

　　　$|r| = 0.988 > r(40, 0.05) > r(48, 0.05)$

が成り立つ．

手順5 判定

　手順4より，帰無仮説 H_0 を棄却し，対立仮説 H_1 を採用する．すなわち，x と y の間には相関があるといえる．

　この例のように，r 表に検定に必要な自由度の値が書かれていないときには，必要な自由度の前後の自由度のうち，小さな自由度の値を使って，有意であることの判定をすることが考えられる．自由度が小さければ，棄却限界値に用いる値は常に大きくなる．また，有意でないという判定をするためには，大きな自由度の値を使って判定すると，棄却限界値に用いる値は常に小さくなるため，検定での誤りの確率を小さく抑えることができる．このような方法を「安全側

の検定」とよぶ.

【t 分布を利用した無相関の検定】

安全側の検定を実施しない場合は，r 表を使わない方法として，$t=\dfrac{r\sqrt{n-2}}{\sqrt{1-r^2}}$ の t が自由度 $\phi=n-2$ の t 分布に従うことをそのまま利用して検定する．

【z 変換を利用した相関係数の検定】

$\rho=0$ ではないときの検定を実施するには，$n \geq 25$ あたりを目安として，得られた相関係数 r について，以下のように変換する．

$$z=\frac{1}{2}\log\left(\frac{1+r}{1-r}\right)=\tanh^{-1} r \tag{1.5}$$

この変換を z 変換とよぶ．z 変換図表（巻末の付表 9）を用いてもよい．この変換を行うと，z は期待値 $z_\rho+\dfrac{\rho}{2(n-1)}$，標準偏差 $\dfrac{1}{\sqrt{n-3}}$ の正規分布に近似的に従うことが知られている．n が大きいときには，期待値の第 2 項の $\dfrac{\rho}{2(n-1)}$ は十分小さいとみなして無視することができるので，期待値は z_ρ としてよい．すなわち，検定の手順としては，次の内容が成立していれば，帰無仮説 H_0 を棄却し，対立仮説 H_1 を採用する．

【z 変換を利用した相関係数の検定手順】

手順 1 仮説の設定

   帰無仮説　$H_0 : \rho = \rho_0$

   対立仮説　$H_1 : \rho \neq \rho_0$

手順 2 有意水準の決定（通常は $\alpha=0.05$ とする）

1.3 相関係数—2つの変数の関係を定量的に把握する—

手順3 検定統計量 Z の計算

$$r = \frac{S_{xy}}{\sqrt{S_{xx}S_{yy}}}$$

$$z_r = \frac{1}{2}\log\left(\frac{1+r}{1-r}\right)$$

$$z_{\rho_0} = \frac{1}{2}\log\left(\frac{1+\rho_0}{1-\rho_0}\right)$$

$$Z = \frac{z_r - z_{\rho_0}}{\sqrt{n-3}}$$

手順4 棄却限界値の読み取り

正規分布表（巻末の付表1）より，$u(\alpha)$ の値を読み取る．$\alpha=0.05$ の場合は，$u(0.05)=1.96$ である．

手順5 判定

$$R: |Z| \geq u(\alpha)$$

【表1.6のデータに対する z 変換を利用した相関係数の検定】

表1.6のデータについて，母相関係数0.8の検定を実施する．1.3.1項より，$n=50$, $r=0.988$ である．

手順1 仮説の設定

　　　帰無仮説　$H_0: \rho=0.8$
　　　対立仮説　$H_1: \rho \neq 0.8$

手順2 有意水準を $\alpha=0.05$ とする

手順3 検定統計量 Z の計算

$$r = \frac{S_{xy}}{\sqrt{S_{xx}S_{yy}}} = 0.988$$

$$z_r = \frac{1}{2}\log\left(\frac{1+r}{1-r}\right) = \frac{1}{2}\log\left(\frac{1+0.988}{1-0.988}\right)$$
$$= \frac{1}{2}\log\left(\frac{1.988}{0.012}\right)$$
$$= \frac{1}{2}\log 165.667 = 2.55$$

$$z_{\rho_0} = \frac{1}{2}\log\left(\frac{1+\rho_0}{1-\rho_0}\right) = \frac{1}{2}\log\left(\frac{1+0.8}{1-0.8}\right)$$
$$= \frac{1}{2}\log\left(\frac{1.8}{0.2}\right)$$
$$= \frac{1}{2}\log 9 = 1.10$$

$$Z = \frac{z_r - z_{\rho_0}}{\sqrt{n-3}} = \frac{2.55 - 1.10}{\sqrt{50-3}} = \frac{1.45}{6.86} = 0.21$$

手順4 正規分布表（巻末の付表1）を用いた棄却限界値の読み取り

$$u(0.05) = 1.96$$

手順5 判定

手順4より，帰無仮説 H_0 を棄却しない．すなわち，母相関係数が 0.8 と異なるとはいえない．

1.3.3 相関係数に関する推定

1.3.2 項では，相関係数に関する検定を扱った．検定をしたうえで，さらに信頼区間を得ることによって，情報が追加されることがある．区間推定は，z 変換をした値が正規分布に従うという，先ほどの性質を使うことで可能になる．すなわち，信頼上限 z_U と信頼下限 z_L はそれぞれ

1.3 相関係数—2つの変数の関係を定量的に把握する—

$$z_U = z_r + \frac{u(\alpha)}{\sqrt{n-3}} \tag{1.6}$$

$$z_L = z_r - \frac{u(\alpha)}{\sqrt{n-3}} \tag{1.7}$$

と求めることができる．ここで得られた値は z_r の信頼区間であるため，いま知りたい相関係数 z_r の信頼区間を求めるためには，z_r に対して，相関係数 r を z 変換したのと逆の変換を実施すればよい．すなわち，

$$r_U = \tanh z_U = \frac{e^{z_U} - e^{-z_U}}{e^{z_U} + e^{-z_U}} \tag{1.8}$$

$$r_L = \tanh z_L = \frac{e^{z_L} - e^{-z_L}}{e^{z_L} + e^{-z_L}} \tag{1.9}$$

である．式(1.8)と式(1.9)において，e＝2.718…であり，自然対数の底を表す．または，z 変換図表（巻末の付表9）を用いると簡単に変換できる．

【表1.6のデータに対する相関係数の推定】

表1.6のデータから得られた相関係数の95%信頼区間を区間推定すると，

$$z_U = z_r + \frac{u(\alpha)}{\sqrt{n-3}} = 2.55 + \frac{1.96}{\sqrt{50-3}} = 2.55 + 0.29 = 2.84$$

$$z_L = z_r - \frac{u(\alpha)}{\sqrt{n-3}} = 2.55 - \frac{1.96}{\sqrt{50-3}} = 2.55 - 0.29 = 2.26$$

$$r_U = \tanh z_U = \frac{e^{z_U} - e^{-z_U}}{e^{z_U} + e^{-z_U}} = \frac{e^{2.84} - e^{-2.84}}{e^{2.84} + e^{-2.84}}$$

$$= \frac{17.12 - 0.06}{17.12 + 0.06} = \frac{17.06}{17.18} = 0.993$$

$$r_L = \tanh z_L = \frac{e^{z_L} - e^{-z_L}}{e^{z_L} + e^{-z_L}} = \frac{e^{2.26} - e^{-2.26}}{e^{2.26} + e^{-2.26}}$$

$$= \frac{9.58 - 0.10}{9.58 + 0.10} = \frac{9.48}{9.68} = 0.979$$

となり，相関係数は 0.979〜0.993 と推定される．

1.4 相関係数を用いるときの注意点

相関係数を用いるときの注意点を説明するに当たって有名な数値例として，アンスコムの数値例がある．Anscombe[1]は，表1.7に示すデータをもとに，グラフを描くこと，ここでは散布図を描くことの重要性を示している．

表1.7 アンスコムの数値例：4組のデータ

No.	x_1	y_1	x_2	y_2	x_3	y_3	x_4	y_4
1	10.00	8.04	10.00	9.14	10.00	7.46	8.00	6.58
2	8.00	6.95	8.00	8.14	8.00	6.77	8.00	5.76
3	13.00	7.58	13.00	8.74	13.00	12.74	8.00	7.71
4	9.00	8.81	9.00	8.77	9.00	7.11	8.00	8.84
5	11.00	8.33	11.00	9.26	11.00	7.81	8.00	8.47
6	14.00	9.96	14.00	8.10	14.00	8.84	8.00	7.04
7	6.00	7.24	6.00	6.13	6.00	6.08	8.00	5.25
8	4.00	4.26	4.00	3.10	4.00	5.39	19.00	12.50
9	12.00	10.84	12.00	9.13	12.00	8.15	8.00	5.56
10	7.00	4.82	7.00	7.26	7.00	6.42	8.00	7.91
11	5.00	5.68	5.00	4.74	5.00	5.73	8.00	6.89
$\bar{x}$	9.000		9.000		9.000		9.000	
$\bar{y}$	7.501		7.501		7.500		7.501	
S_{xx}	110.000		110.000		110.000		110.000	
S_{yy}	41.273		41.276		41.226		41.232	
S_{xy}	55.010		55.000		54.970		54.990	

出典) F. J. Anscombe (1973):"Graphs in Statistical Analysis", *The American Statistician*, Vol. 27(1), pp. 17〜21.

1.4 相関係数を用いるときの注意点

表1.7のデータは，それぞれ

$$\bar{x}=9.00, \ \bar{y}=7.50$$

となるデータである．さらに，この4組のデータの相関係数を計算すると，以下のようになる．

① x_1, y_1 のとき

$$S_{xx}=\sum_{i=1}^{n}(x_i-\bar{x})^2=\sum_{i=1}^{n}x_i^2-\frac{(\sum_{i=1}^{n}x_i)^2}{n}=1001.00-\frac{9.00^2}{11}=993.64$$

$$S_{yy}=\sum_{i=1}^{n}(y_i-\bar{y})^2=\sum_{i=1}^{n}y_i^2-\frac{(\sum_{i=1}^{n}y_i)^2}{n}=660.17-\frac{7.50^2}{11}=655.06$$

$$S_{xy}=\sum_{i=1}^{n}(x_i-\bar{x})(y_i-\bar{y})=\sum_{i=1}^{n}x_iy_i-\frac{\sum_{i=1}^{n}x_i\sum_{i=1}^{n}y_i}{n}$$

$$=797.60-\frac{9.00\times 7.50}{11}=791.46$$

$$r=\frac{S_{xy}}{\sqrt{S_{xx}S_{yy}}}=\frac{791.46}{\sqrt{993.64\times 655.06}}=0.981$$

② x_2, y_2 のとき

$$S_{xx}=\sum_{i=1}^{n}(x_i-\bar{x})^2=\sum_{i=1}^{n}x_i^2-\frac{(\sum_{i=1}^{n}x_i)^2}{n}=1001.00-\frac{9.00^2}{11}=993.64$$

$$S_{yy}=\sum_{i=1}^{n}(y_i-\bar{y})^2=\sum_{i=1}^{n}y_i^2-\frac{(\sum_{i=1}^{n}y_i)^2}{n}=660.18-\frac{7.50^2}{11}=655.06$$

$$S_{xy}=\sum_{i=1}^{n}(x_i-\bar{x})(y_i-\bar{y})=\sum_{i=1}^{n}x_iy_i-\frac{\sum_{i=1}^{n}x_i\sum_{i=1}^{n}y_i}{n}$$

$$=797.59-\frac{9.00\times 7.50}{11}=791.45$$

$$r=\frac{S_{xy}}{\sqrt{S_{xx}S_{yy}}}=\frac{791.45}{\sqrt{993.64\times 655.06}}=0.981$$

③ x_3, y_3 のとき

$$S_{xx}=\sum_{i=1}^{n}(x_i-\bar{x})^2=\sum_{i=1}^{n}x_i^2-\frac{(\sum_{i=1}^{n}x_i)^2}{n}=1001.00-\frac{9.00^2}{11}=993.64$$

$$S_{yy}=\sum_{i=1}^{n}(y_i-\bar{y})^2=\sum_{i=1}^{n}y_i^2-\frac{(\sum_{i=1}^{n}y_i)^2}{n}=659.98-\frac{7.50^2}{11}=654.86$$

$$S_{xy}=\sum_{i=1}^{n}(x_i-\bar{x})(y_i-\bar{y})=\sum_{i=1}^{n}x_iy_i-\frac{\sum_{i=1}^{n}x_i\sum_{i=1}^{n}y_i}{n}$$
$$=797.47-\frac{9.00\times 7.50}{11}=791.33$$

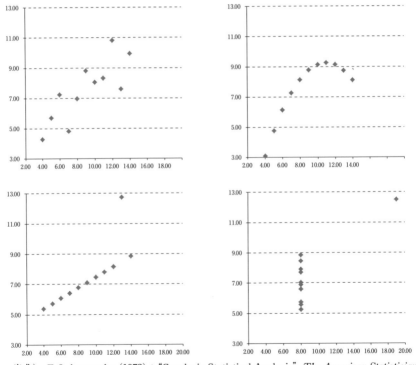

出典) F. J. Anscombe (1973): "Graphs in Statistical Analysis", *The American Statistician*, Vol. 27(1), pp. 17〜21.

図 1.13 アンスコムの散布図 (左上 x_1, y_1 右上 x_2, y_2 左下 x_3, y_3 右下 x_4, y_4)

1.4 相関係数を用いるときの注意点

$$r = \frac{S_{xy}}{\sqrt{S_{xx}S_{yy}}} = \frac{791.33}{\sqrt{993.64 \times 654.86}} = 0.981$$

④ x_4, y_4 のとき

$$S_{xx} = \sum_{i=1}^{n}(x_i - \bar{x})^2 = \sum_{i=1}^{n} x_i^2 - \frac{(\sum_{i=1}^{n} x_i)^2}{n} = 1001.00 - \frac{9.00^2}{11} = 993.64$$

$$S_{yy} = \sum_{i=1}^{n}(y_i - \bar{y})^2 = \sum_{i=1}^{n} y_i^2 - \frac{(\sum_{i=1}^{n} y_i)^2}{n} = 660.13 - \frac{7.50^2}{11} = 655.02$$

$$S_{xy} = \sum_{i=1}^{n}(x_i - \bar{x})(y_i - \bar{y}) = \sum_{i=1}^{n} x_i y_i - \frac{\sum_{i=1}^{n} x_i \sum_{i=1}^{n} y_i}{n}$$

$$= 797.58 - \frac{9.00 \times 7.50}{11} = 791.44$$

$$r = \frac{S_{xy}}{\sqrt{S_{xx}S_{yy}}} = \frac{791.44}{\sqrt{993.64 \times 655.02}} = 0.981$$

以上より，いずれの組合せにおいても，相関係数 $r=0.981$ という結果が得られる．一方，それぞれの組合せについて散布図を描くと，前掲の図 **1.13** のようになる．この図からわかるように，相関係数を求めて意味があるのは，左上の x_1, y_1 の場合のみである．右上の x_2, y_2 の場合は，2次曲線の関係に見える．左下の x_3, y_3 の場合は，飛び離れた値が一つあり，それ以外の値についての関係とは大きく異なる．右下の x_4, y_4 の場合は，ほとんどの値について x が同じ値をとっているが，x_3, y_3 の場合と同様に飛び離れた値が1つある．この飛び離れた値によってあたかも y の変動を x で説明できているように見えてしまう．

以上の例から，2つの変数しかない場合には散布図を描くことでさまざまな状況がわかる．変数の種類が多くなった場合に，単に相関係数のみを計算して，散布図を描かないままに分析を進めることが多いため，散布図を検討することの意味について，重要な示唆を与えている．

第 2 章　単回帰分析

2.1　単回帰分析とは

　第 1 章では，2 つの変数の関係を散布図で表した．単回帰分析 (simple regression analysis) では，散布図上に散らばった点に対して，2 つの変数の関係を説明する直線を当てはめる．
　すなわち，単回帰分析とは，
$$y = a + bx \tag{2.1}$$
を決めることである．ここで，式(2.1)における y は目的変数，x は説明変数とよぶ．a は切片とよばれ，b は回帰係数とよぶ (傾きともいう)．y が x の 1 次の項を用いて表されるため，1 次関数であることがわかる．単回帰分析とは，x と y の関係について，散布図上のデータをよく説明する 1 次の直線を引くことである．言い換えると，単回帰分析は，データに最もよく当てはまる切片 a と回帰係数 b の係数を求めることである．
　図 2.1 では，表 1.7 のデータをもとにして，フリーハンドで適当に 3 本の線を引いている．このなかで，y と x の関係を最もよく説明する直線は，3 本のなかでは真ん中であると思われる．この 3 本の線は，a の値を共通にして，切片を上下させている．
　一方，図 2.2 でも，異なる 3 本の線をフリーハンドで引いている．ここでは，図の中心を通るように，直線の角度を変えて 3 本を引いてみた．このなかでは，中くらいの傾きをもった直線が最もよく 2 つの変数の関係を表しているように見える．

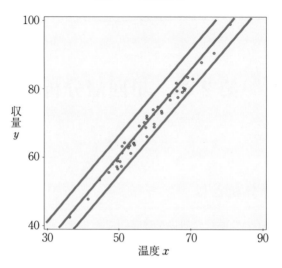

図 2.1 製品の収量 y（単位：g）と温度 x（単位：℃）の散布図

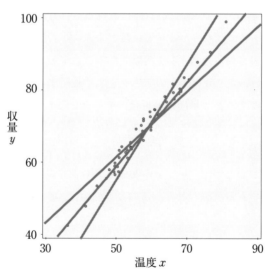

図 2.2 製品の収量 y（単位：g）と温度 x（単位：℃）の散布図

2.1 単回帰分析とは

先ほど,「単回帰分析は,データに最もよく当てはまる切片 a と回帰係数 b の係数を求めることである」と述べた.図 2.1 と図 2.2 からは,引いた線のうちいずれの線がよいかは,比較すれば判断できそうである.2 つの変数の関係を説明するために,フリーハンドで線を引いていても合理的ではない.そこで,良い線の引き方をデータにもとづいて決定する方法を次節で考える.

また,すべてのデータの組合せが直線上に完全に乗ることは考えにくく,実際には,

$$y = a + bx + \varepsilon \tag{2.2}$$

という式(これをデータの構造式という)を想定しており,図 2.3 のようになる.このとき誤差 ε には仮定を置いており,以下の 4 つを満たすものとして解析を進める.

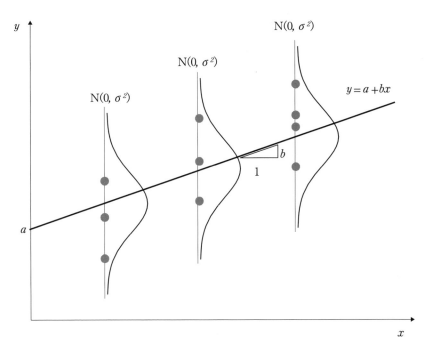

図 2.3 単回帰式のモデル

① 期待値が0（不偏性ともいう） $E(\varepsilon)=0$ となる．
② 等分散性　分散が一定で，$V(\varepsilon)=\sigma^2$ となる．
③ 独立性　互いに独立である．
④ 正規性　正規分布に従う．

2.2 最小2乗法

2.1節では，単回帰分析とは，2つの変数の関係を式(2.1)に示したように $y=a+bx$ と表したときに，両者の関係を最もよく表す切片 a と回帰係数 b の係数を求めることであると述べた．線をさまざまに引いたときに，どの線がよいかについて視覚的に判断できそうなことは，前述したとおりである．しかし，どのような基準でその善し悪しを判断しているかは明確ではない．

【小規模なデータにもとづく直線を引く方法の検討】

ここでは，簡単な例をもとにして，その基準を探してみる．説明のために x, y の組合せは少なくしているが，通常このような少ない組合せしかないときに散布図を描いたり，単回帰分析を行ったりすることは適切ではない．一般に，30組程度以上のデータに適用するのがよいといわれている．**表**2.1および**図**2.4に，5組のデータを示す．

表2.1　5組のデータ

No.	x	y
1	1.0	0.5
2	2.0	2.0
3	3.0	6.0
4	4.0	6.0
5	5.0	8.5

直線を引くには，a, b の値を定めればよい．ここでは，3つの候補を挙げて

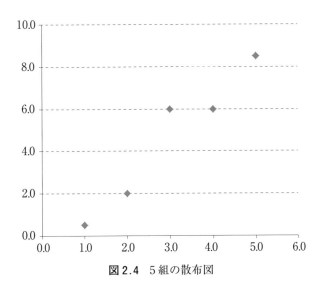

図 2.4 5 組の散布図

みる.

① $a=-1.4,\ b=2.0$

② $a=1.6,\ b=1.0$

③ $a=4.6$

　これらの線を散布図上に記入すると，**図 2.5** のようになる．図からは，①の式，すなわち $a=-1.4,\ b=2.0$ の式 $y=-1.4+2.0x$ がよさそうに見える．

　$x=1$ のとき，①，②，③のそれぞれの式の値を $y_1,\ y_2,\ y_3$ とすると，

$y_1 = -1.4 + 2.0 \times 1.0 = 0.6$

$y_2 = 1.6 + 1.0 \times 1.0 = 2.6$

$y_3 = 4.6 + 0 \times 1.0 = 4.6$

となる．実際の y の値は，表 2.1 より，0.5 である．他の 4 つの組合せも同様に計算すると，**表 2.2** のようになる．

　表 2.2 では，$y_1,\ y_2,\ y_3$ 以外にも，実際の値 y と，3 種類の式から計算された $y_1,\ y_2,\ y_3$ との差を計算している．実際の y の値が x から計算した値と完全に一致することは少なく，**表 2.2** に示した $y-y_1,\ y-y_2,\ y-y_3$ のように，ず

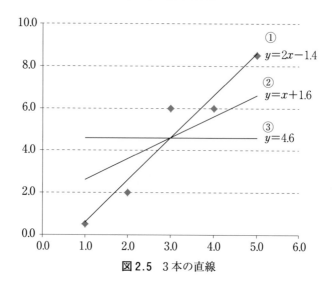

図 2.5 3 本の直線

表 2.2 3 種類の式

y	y_1	$y-y_1$	y_2	$y-y_2$	y_3	$y-y_3$
0.5	0.6	-0.1	2.6	-2.1	4.6	-4.1
2	2.6	-0.6	3.6	-1.6	4.6	-2.6
6	4.6	1.4	4.6	1.4	4.6	1.4
6	6.6	-0.6	5.6	0.4	4.6	1.4
8.5	8.6	-0.1	6.6	1.9	4.6	3.9

れが生じるのが自然である．この差を残差とよぶ．散布図上では，データの y の値と，データの x の値が決まったときに直線から求められる値との差である．$x=1$ のとき，$y_1=0.6$, $y_2=2.6$, $y_3=4.6$ であり，実際の値は 0.5 であるから，残差はそれぞれ -0.1, -2.1, -4.1 となる．残差が小さいことは，直線がデータの組合せをよく表しているといえるため，①の式が $x=1$, $y=0.5$ の関係を最もよく表しているといえる．

この関係を利用して，データに最もよく当てはまる直線を求める際に活用す

る．すなわち，残差を合計することで，良い直線を見極めようとする．しかし，今回の3つの式は，$x=1$のときの残差からは，①の式が最も良いことがわかったが，すべての組合せについて残差を合計すると，いずれの場合も0となってしまう．残差は正の値も負の値もとりうるため(0のこともある)，それぞれの残差の値が0から離れていても，全体としては0に近づいてしまう．0からどの程度離れているかを測るためには，それぞれの残差の絶対値をとり，合計することも考えられるが，絶対値は数学的には扱いにくい．良い直線を見極める視点としては，残差を2乗し，その合計が小さな直線を選択する．表2.3には，残差とその2乗および2乗の合計を示す．

表2.3 3つの式に対する残差とその2乗および合計

No.	$y-y_1$	$(y-y_1)^2$	$y-y_2$	$(y-y_2)^2$	$y-y_3$	$(y-y_3)^2$
1	-0.1	0.01	-2.1	4.41	-4.1	16.81
2	-0.6	0.36	-1.6	0.36	-2.6	6.76
3	1.4	1.96	1.4	1.96	1.4	1.96
4	-0.6	0.36	0.4	0.36	1.4	1.96
5	-0.1	0.01	1.9	0.01	3.9	15.21
合計	0	2.70	0	7.10	0	42.70

表2.3より，残差の2乗の合計によれば，①の場合が2.7，②の場合が7.1，③の場合が42.7となり，このなかでは①が最も良い式であることがいえる．式の善し悪しを判断するために計算する，残差の2乗の合計を残差平方和とよび，これが小さい値であれば，式がxとyの関係をよく表しているといえる．

ここまでで，式を定めて，すなわちa，bの値を決めて，その式の善し悪しを判断することはできるようになった．しかし，a，bの値をどのように決めれば，最も良い式を求めることができるかはわからない．言い換えると，残差平方和を最も小さくするa，bの値を計算する方法があれば，a，bの値を定めて，良い条件を探す必要はなく，a，bの値を直接求めることができる．

【最小2乗法の数理】

残差平方和を最小になるように a, b を決定する方法を最小2乗法とよぶ. a, b の値を推定値を $\hat{a}$, $\hat{b}$ と書き，式にもとづいて i 番目の x について推定した値を $\hat{y_i}$ とすると，

$$\hat{y_i} = \hat{a} + \hat{b} x_i \tag{2.3}$$

と書ける．したがって，残差 e_i は，個別の値 y_i と式(2.3)で推定した値 $\hat{y_i}$ との差であるから，

$$e_i = y_i - \hat{y_i} = y_i - \hat{a} - \hat{b} x_i \tag{2.4}$$

となる．したがって，残差平方和 S_e は，式(2.4)で求めたそれぞれの残差の2乗の合計であり，データの組合せが n 組あるので，

$$S_e = \sum_i^n (y_i - \hat{a} - \hat{b} x_i)^2 \tag{2.5}$$

と書ける．式(2.5)を最小にする $\hat{a}$, $\hat{b}$ を求めるためには，残差平方和 S_e を $\hat{a}$, $\hat{b}$ の関数として，$\hat{a}$, $\hat{b}$ それぞれで偏微分する．偏微分した得られた2つの式を0としたときの方程式の解が $\hat{a}$, $\hat{b}$ の値となる．偏微分をするときは，微分しない変数に関しては，すべて定数と見なして微分すればよい．したがって，$\hat{a}$ で偏微分するときは，$\hat{b}$ も定数とみなせばよい．式(2.5)を $\hat{a}$, $\hat{b}$ それぞれで偏微分した値を0とすると，以下の式が得られる．

$$\frac{\partial S_e}{\partial \hat{a}} = 2\sum_i^n (y_i - \hat{a} - \hat{b} x_i)(-1) = 0 \tag{2.6}$$

$$\frac{\partial S_e}{\partial \hat{b}} = 2\sum_i^n (y_i - \hat{a} - \hat{b} x_i)(-x_i) = 0 \tag{2.7}$$

式(2.6)と式(2.7)は，

$$2\sum_i^n (y_i - \hat{a} - \hat{b} x_i)(-1) = 0$$

$$-2\sum_i^n y_i + 2\hat{a}\sum_i^n (1) + 2\hat{b}\sum_i^n x_i = 0$$

$$\hat{a}\sum_i^n (1) + \hat{b}\sum_i^n x_i = \sum_i^n y_i$$

$$2\sum_i^n (y_i - \hat{a} - \hat{b} x_i)(-x_i) = 0$$

2.2 最小2乗法

$$-2\sum_{i}^{n} x_i y_i + 2\hat{a}\sum_{i}^{n} x_i + 2\hat{b}\sum_{i}^{n} x_i^2 = 0$$

$$\hat{a}\sum_{i}^{n} x_i + \hat{b}\sum_{i}^{n} x_i^2 = \sum_{i}^{n} x_i y_i$$

と展開できる．すなわち，

$$\hat{a}\sum_{i}^{n} (1) + \hat{b}\sum_{i}^{n} x_i = \sum_{i}^{n} y_i \tag{2.8}$$

$$\hat{a}\sum_{i}^{n} x_i + \hat{b}\sum_{i}^{n} x_i^2 = \sum_{i}^{n} x_i y_i \tag{2.9}$$

と整理できた．この連立方程式を，正規方程式という．

これを解くには，第1式を n で割ると，

$$\hat{a}\frac{\sum_{i}^{n}(1)}{n} + \hat{b}\frac{\sum_{i}^{n} x_i}{n} = \frac{\sum_{i}^{n} y_i}{n}$$

$$\hat{a} + \hat{b}\bar{x} = \bar{y}$$

となる．この式より，求めた単回帰式は，点 $(\bar{x}, \bar{y})$ を通ることがわかる．なお，冒頭の3つの例は，いずれも $(\bar{x}, \bar{y})$ を通る式である．

得られた $\hat{a} = \dfrac{\sum_{i}^{n} y_i}{n} - \hat{b}\dfrac{\sum_{i}^{n} x_i}{n}$ を第2式に代入すると，

$$\left(\frac{\sum_{i}^{n} y_i}{n} - \hat{b}\frac{\sum_{i}^{n} x_i}{n}\right)\sum_{i}^{n} x_i + \hat{b}\sum_{i}^{n} x_i^2 = \sum_{i}^{n} x_i y_i$$

$$\hat{b}\left\{\sum_{i}^{n} x_i^2 - (\sum_{i}^{n} x_i)^2\right\} = \sum_{i}^{n} x_i y_i - \frac{\sum_{i}^{n} x_i \sum_{i}^{n} y_i}{n}$$

となる．そのため，

$$S_{xx} = \sum_{i=1}^{n} x_i^2 - \frac{(\sum_{i=1}^{n} x_i)^2}{n}$$

$$S_{xy} = \sum_{i=1}^{n} x_i y_i - \frac{(\sum_{i=1}^{n} x_i)(\sum_{i=1}^{n} y_i)}{n}$$

より，

$$\hat{b}S_{xx}=S_{xy}$$

となるため，

$$\hat{b}=\frac{S_{xy}}{S_{xx}} \qquad (2.10)$$

となり，$\hat{a}+\hat{b}\bar{x}=\bar{y}$ に代入すると，

$$\hat{a}=\bar{y}-\frac{S_{xy}}{S_{xx}}\bar{x} \qquad (2.11)$$

と求めることができる．式(2.10)および式(2.11)で求められた $\hat{a},\hat{b}$ によって得られた，$y=\hat{a}+\hat{b}x$ を最小2乗法による単回帰式とよぶ．最小2乗法の計算過程を示してきたが，$\hat{a},\hat{b}$ を求めるためには，$\bar{x},\bar{y}$ および相関係数の計算に当たって用いた平方和 S_{xx} と偏差積和 S_{xy} を用いればよい．

なお，このときの残差平方和は，以下のようになる．

$$\begin{aligned}
S_e &= \sum_i^n (y_i-\hat{a}-\hat{b}x_i)^2 \\
&= \sum_i^n (y_i-\bar{y}+\hat{b}\bar{x}-\hat{b}x_i)^2 \\
&= \sum_i^n \{(y_i-\bar{y})-\hat{b}(x_i-\bar{x})\}^2 \\
&= \sum_i^n \{(y_i-\bar{y})^2-2\hat{b}(y_i-\bar{y})(x_i-\bar{x})+\hat{b}^2(x_i-\bar{x})^2\} \\
&= \sum_i^n (y_i-\bar{y})^2-2\hat{b}\sum_i^n (y_i-\bar{y})(x_i-\bar{x})+\hat{b}^2\sum_i^n (x_i-\bar{x})^2 \\
&= S_{yy}-2\hat{b}S_{xy}+\hat{b}^2 S_{xx}
\end{aligned}$$

また，$\hat{b}=\dfrac{S_{xy}}{S_{xx}}$ より，以下のようになる．

$$\begin{aligned}
S_e &= S_{yy}-2\hat{b}S_{xy}+\hat{b}^2 S_{xx} \\
&= S_{yy}-2\frac{S_{xy}}{S_{xx}}S_{xy}+\left(\frac{S_{xy}}{S_{xx}}\right)^2 S_{xx}
\end{aligned}$$

$$= S_{yy} - 2\frac{S_{xy}^2}{S_{xx}} + \frac{S_{xy}^2}{S_{xx}}$$

$$= S_{yy} - \frac{S_{xy}^2}{S_{xx}}$$

$$= S_{yy} - \hat{b}^2 S_{xx}$$

【表 2.1 のデータに対する単回帰式の導出】

表 2.1 のデータについて，単回帰式を計算すると，

$$\bar{x} = 3.0, \; \bar{y} = 4.6$$

より，

$$S_{xx} = \sum_{i=1}^{n}(x_i - \bar{x})^2 = 2^2 + 1^2 + 0^2 + 1^2 + 2^2 = 10$$

$$S_{xy} = \sum_{i=1}^{n} x_i y_i - \frac{\sum_{i=1}^{n} x_i \sum_{i=1}^{n} y_i}{n} = 0.5 + 4 + 18 + 24 + 42.5 - \frac{15 \times 23}{5} = 20$$

$$\hat{b} = \frac{S_{xy}}{S_{xx}} = \frac{20}{10} = 2.0$$

$$\hat{a} = \bar{y} - \hat{b}\bar{x} = 4.6 - 2.0 \times 3.0 = -1.4$$

であるから，求める単回帰式は，

$$y = -1.4 + 2.0x$$

となり，①の式が最も良い単回帰式であることがわかった．

【表 1.6 のデータに対する単回帰式の導出】

表 1.6 のデータに対して単回帰式を求めてみると，

$$\bar{y} = 69.48$$

$$\bar{x} = 58.07$$

$$S_{xx} = 3973.54$$

$$S_{xy} = 4845.59$$

を用いると，

$$\hat{b} = \frac{S_{xy}}{S_{xx}} = \frac{4845.59}{3973.54} = 1.2195 \fallingdotseq 1.22$$

$$\hat{a} = \bar{y} - \hat{b}\bar{x} = 69.48 - 1.2195 \times 58.07 = -1.34$$

$$y = -1.34 + 1.22x$$

となる.最後に,得られた単回帰式を散布図に追記する.

2.3 得られた式の解釈

まず,得られた回帰式によって,目的変数 y の変動のどの程度を説明できるかを検討する.そのためには,y の変動を分解して,x によって説明できる部分とそれ以外の部分の大きさを比較することが有効である.

2.2 節における残差は,

$$e_i = y_i - \hat{y}_i = y_i - \hat{a} - \hat{b}x_i = (y_i - \bar{y}) - \hat{b}(x_i - \bar{x}) \tag{2.12}$$

と書ける.残差の合計は 0 である.

$\hat{b} = \dfrac{S_{xy}}{S_{xx}}$ より,

$$\hat{b} S_{xx} = S_{xy}$$
$$\hat{b} \sum (x_i - \bar{x})^2 = \sum (y_i - \bar{y})(y_i - \bar{x})$$
$$\sum (x_i - \bar{x})\{(y_i - \bar{y}) - \hat{b}(x_i - \bar{x})\} = 0$$

より,

$$\sum (x_i - \bar{x}) e_i = 0 \tag{2.13}$$

が得られる.式(2.13)より,残差と説明変数の間には相関がないといえる.

さらに,y_i の予測値を $\hat{y}_i$ と書くと,

$$\hat{y}_i = \bar{y} + \hat{b}(x_i - \bar{x}) \tag{2.14}$$

と書けるので,式(2.14)をさらに展開して,

$$\sum (\hat{y}_i - \bar{y}) e_i = \sum (\bar{y} + \hat{b}(x_i - \bar{x}) - \bar{y}) e_i$$
$$= \hat{b} \sum (x_i - \bar{x}) e_i$$

である.$\hat{b}$ に掛かっているのは,式(2.13)より,$\sum (x_i - \bar{x}) e_i = 0$ であるので,

$$\hat{b} \sum (x_i - \bar{x}) e_i = \hat{b} \times 0 = 0$$

2.3 得られた式の解釈

すなわち,

$$\sum (\hat{y}_i - \bar{y}) e_i = 0 \tag{2.15}$$

である.残差と目的変数の予測値との間には相関がないといえる.

目的変数の偏差平方和の値を計算すると,

$$\sum (y_i - \bar{y})^2 = \sum (y_i - \hat{y}_i + \hat{y}_i - \bar{y})^2$$
$$= \sum (e_i + \hat{y}_i - \bar{y})^2$$
$$= \sum e_i^2 + 2\sum (\hat{y}_i - \bar{y}) e_i + \sum (\hat{y}_i - \bar{y})^2$$

であり,先ほどの $\sum (\hat{y}_i - \bar{y}) e_i = 0$ を用いると,第2項目が消えるので,

$$\sum e_i^2 + 2\sum (\hat{y}_i - \bar{y}) e_i + \sum (\hat{y}_i - \bar{y})^2 = \sum e_i^2 + \sum (\hat{y}_i - \bar{y})^2$$

となることがわかる.この式の第1項目は,x によって説明できない部分を表しており,残差平方和 S_e とよばれる.第2項目は回帰式による予測値に関する平方和を表しており,回帰平方和 S_R とよばれ,x によって説明できる部分を示している.したがって,目的変数の偏差平方和 S_T は,

$$S_T = S_R + S_e \tag{2.16}$$

と書くことができる.図 2.6 では,左側の全体の平方和が,残差平方和 S_e と

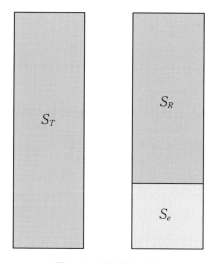

図 2.6 平方和の分解

回帰平方和 S_R に分解されている.

また,式(2.16)の S_R は,以下のように計算できる.

$$S_R = \sum (\hat{y_i} - \bar{y})^2 = \hat{b}^2 S_{xx} = \frac{S_{xy}^2}{S_{xx}} \tag{2.17}$$

データに直線を当てはめたことに意味があったかどうかを検討するには,回帰平方和が残差平方和に対して十分大きいかどうかによって判断できると考えれば,分散分析によってこれを統計的に判断できる.それぞれの平方和に対する自由度は,

$\phi_T = n - 1$

$\phi_R = 1$

$\phi_e = \phi_T - \phi_R = n - 2$

となるので,得られる分散分析表は,表2.4となる.

表2.4　分散分析表

要因	S	ϕ	V	F_0
回帰	$S_R = \dfrac{S_{xy}^2}{S_{xx}}$	$\phi_R = 1$	$V_R = \dfrac{S_R}{\phi_R} = S_R$	$\dfrac{V_R}{V_e}$
残差	$S_e = S_T - S_R$	$\phi_e = n - 2$	$V_e = \dfrac{S_e}{\phi_e} = \dfrac{S_e}{n} - 2$	
合計	$S_T = S_{yy}$	$\phi_T = n - 1$		

すなわち,$F_0 > F(\phi_R, \phi_e; \alpha)$ であれば回帰に意味があったと判断する.

ここで,総平方和に対する回帰平方和の比 $\dfrac{S_R}{S_T}$ は,回帰式によって説明できる変動の割合を示しており,寄与率とよぶ.寄与率は,相関係数 r の2乗に一致する.

【表1.6のデータにもとづいて計算された回帰式に関する分散分析】

それぞれの平方和,自由度を計算すると,

2.3 得られた式の解釈

$$S_R = \frac{S_{xy}^2}{S_{xx}} = \frac{4845.59^2}{3973.54} = 5909.121$$

$$S_e = S_T - S_R = 6057.186 - 5909.121 = 148.165$$

$$\phi_T = n - 1 = 50 - 1 = 49$$

$$\phi_R = 1$$

$$\phi_e = n - 2 = 50 - 2 = 48$$

であるから，表2.5の分散分析表が得られる．

表2.5 分散分析表

要因	S	ϕ	V	F_0
回帰	5909.021	1	5909.021	1914.30*
残差	148.165	48	3.087	
合計	6057.186	49		

$F_0 > F(1, 48 ; 0.05) = 4.042$ より，有意水準5%で有意であり，求めた回帰式には意味があるといえる．

【回帰式の解釈】

最小2乗法によって求められた切片と回帰係数によって得られる回帰式を解釈する際には，

- 固有技術的な検討およびこれまでの経験と合致する程度
- 回帰式が通用する範囲

について検討することが考えられる．

まず，得られた回帰式が固有技術的に納得可能かどうかを考えることである．単回帰では，説明変数が1つの場合を取り上げており，しかも直線的な関係にあるかどうかだけを考えている．したがって，得られた回帰式の妥当性の検討は比較的容易であることが多い．直線的な関係が当てはまらなかったり，思ったような回帰係数の大きさではなかったり，正負の符号が逆転したりしている

場合など，想定していなかった回帰式となった場合には，他のさまざまな要因を無視している影響が出ていると考え，他の重要な説明変数を見逃している可能性が考えられる．

次に，回帰式が通用する範囲を見ることが重要である．得られた回帰式は，どのような x についても成り立つかのように得られる．しかし，散布図の検討でも考えたように，得られた回帰式によってすべての x に関する y との関係を説明できるとは限らない．あくまでも，データが得られた範囲において2つの変数の関係を表していると解釈すべきである．データの範囲外に回帰直線を伸ばして検討することを外挿とよび，その実施に当たっては，固有技術的に明らかであるかどうかなどの他の情報源を用いて慎重に検討すべきである．

2.4 残差の検討

最小2乗法によって得られた回帰式にもとづいて，目的変数のデータの値と予測値との差を残差とよぶ．残差は，2.2節の式(2.4)で示したように，以下のように求められる．

$$e_i = y_i - \hat{y}_i = y_i - \hat{a} - \hat{b}x_i$$

この残差をさまざまな角度から検討することによって，直線の式を当てはめるのがよかったのかどうかを検討することが重要である．例えば，2次曲線や3次曲線などを当てはめたほうがよい場合や，何か重要な変数を見落としていて，追加の変数を挙げて，検討することが重要な場合もある．

残差を検討する際には，まず，それぞれの残差を規準化する．すなわち，

$$e'_i = \frac{e_i}{\sqrt{V_e}} \tag{2.18}$$

とすると，$e'_i \sim N(0, 1^2)$ となり，残差は標準正規分布に互いに独立に従うことが考えられる（厳密には異なるが，n が十分大きいときには近似できる）．式(2.18)を用いて計算した規準化残差を用いて，以下のさまざまな図を描くことで視覚的に検討する．

- 残差のヒストグラム

2.4 残差の検討

- 残差の時系列プロット
- 説明変数と残差の散布図
- 目的変数と残差の散布図
- 検討しなかった変数と残差の散布図

以降では，それぞれの点について述べるとともに，表1.7のデータに対して検討した結果を述べる．まず，表1.7について求めた単回帰式に対する残差を表2.6に示す．

① 残差のヒストグラム

規準化残差のヒストグラムを書くことで，正規分布かどうかを検討できる．例えば，±3σを超える残差があった場合には，そのデータを調べて，今回の検討対象になるかどうか吟味するとよい．特殊なケースであったとしても，外れ値としてすぐに除外するのではなく，別の変数で説明できないか検討することも有用である．

また，全体的な形についても検討する必要がある．正規分布に見えるかどうかを検討し，特に分布の裾が長かったり短かったりする場合には，他の説明変数を導入することが考えられる．さらに，二山になった場合などは，層別して回帰式を検討することが考えられる．

図2.7には，規準化後の残差のヒストグラムを示している．正規分布の形に見え，±3σを超える点はない．

② 残差の時系列プロット

残差を時系列にプロットすることによって，時刻の経過とともに残差がどのように変化しているかを観察できる．時系列にプロットしてもランダムになることが予想されるが，データのとり方を考えて時刻の経過に意味がある場合には，新しい説明変数として取り込むことも考えられる．時系列のプロットを見るときには，以下に着目して，並び方を検討するとよい．

- 上昇傾向や下降傾向がないかどうか

表2.6 データ，回帰式によって求めた値および残差

No.	収量 y	$\hat{y}$	残差 e	No.	収量 y	$\hat{y}$	残差 e
1	69.8	71.59	-1.79	26	63.3	60.61	2.69
2	68.9	71.59	-2.69	27	70.2	68.17	2.03
3	63.7	64.88	-1.18	28	59.8	59.15	0.65
4	65.5	64.51	0.99	29	68.7	68.66	0.04
5	73.0	74.15	-1.15	30	57.3	58.78	-1.48
6	79.6	81.83	-2.23	31	83.5	82.93	0.57
7	63.5	63.29	0.21	32	64.3	61.46	2.84
8	78.3	76.34	1.96	33	99.0	97.20	1.80
9	59.0	59.03	-0.03	34	74.0	71.22	2.78
10	56.6	59.15	-2.55	35	58.0	57.20	0.80
11	83.0	84.63	-1.63	36	69.2	66.46	2.74
12	81.8	79.03	2.77	37	80.4	81.46	-1.06
13	61.3	60.61	0.69	38	64.2	64.63	-0.43
14	79.4	79.27	0.13	39	87.8	87.56	0.24
15	78.0	76.83	1.17	40	73.5	74.03	-0.53
16	90.5	91.83	-1.33	41	55.6	56.10	-0.50
17	80.1	81.95	-1.85	42	64.1	64.51	-0.41
18	58.8	60.00	-1.20	43	42.5	42.81	-0.31
19	57.4	60.37	-2.97	44	77.6	79.63	-2.03
20	76.8	76.95	-0.15	45	72.1	69.03	3.07
21	71.5	69.03	2.47	46	53.4	52.93	0.47
22	61.2	63.54	-2.34	47	66.1	69.03	-2.93
23	62.8	62.81	-0.01	48	47.8	49.03	-1.23
24	74.6	72.93	1.67	49	74.7	72.81	1.89
25	72.6	71.34	1.26	50	79.1	81.10	-2.00

2.4 残差の検討

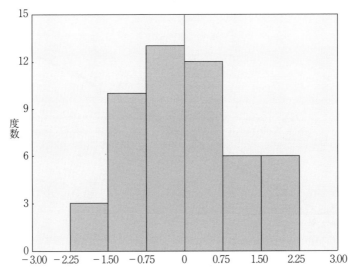

図 2.7　規準化残差のヒストグラム

- 周期的に変動していないか
- 曲線になっていないか
- 残差の大きさが一定かどうか
- 外れ値の出方にパターンが見られるか

図 2.8～図 2.12 にさまざまな場合の時系列のプロットを示す.

隣り合った残差に傾向があるかどうかを評価する尺度として，ダービン・ワトソン比 DW がある.

$$DW = \frac{\sum_{i=1}^{n-1}(e_{i+1}-e_i)^2}{\sum_{i=1}^{n}e_i^2} = \frac{1}{S_e}\sum_{i=1}^{n-1}(e_{i+1}-e_i)^2 \tag{2.19}$$

$e_{i+1}-e_i$ は，前後の残差同士の差を表しており，時系列でランダムであれば，式 (2.19) で求めた DW は，2 に近い値をとることになる．前後の残差に正の相関があれば 0 に近くなり，負の相関があれば 4 に近い値をとる．正の相関がある場合の例を図 2.13 に，負の相関がある場合の例を図 2.14 に示す．

第 2 章 単回帰分析

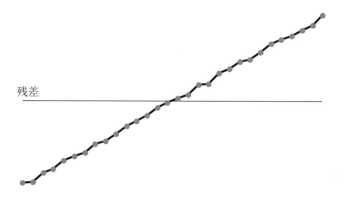

サンプル番号

図 2.8 上昇傾向がある場合

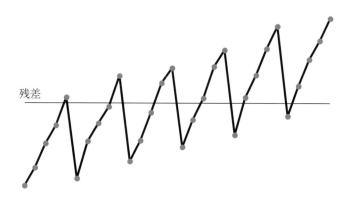

サンプル番号

図 2.9 周期性がある場合

2.4 残差の検討

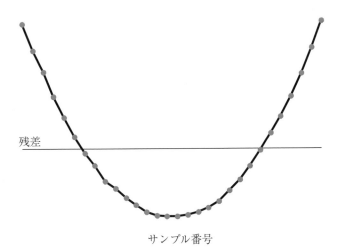

図 2.10　曲線の傾向がある場合

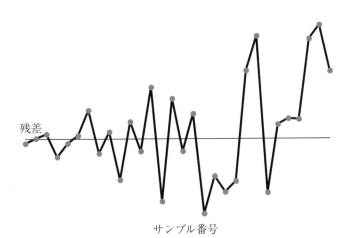

図 2.11　ばらつきが徐々に大きくなる場合

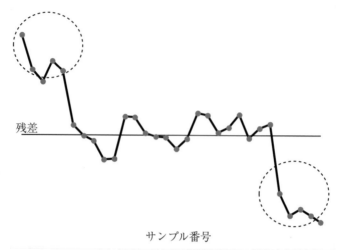

図 2.12 最初 5 つのサンプルの残差が正で最後 5 つの残差が負の場合

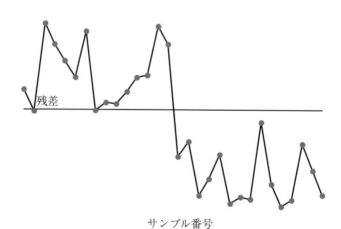

図 2.13 正の相関がある場合

2.4 残差の検討

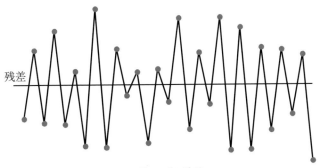

図 2.14 負の相関がある場合

ダービン・ワトソン比の式は，

$$\frac{\sum\limits_{i=1}^{n-1}(e_{i+1}-e_i)^2}{\sum\limits_{i=1}^{n}e_i^2} = \frac{\sum\limits_{i=1}^{n-1}(e_{i+1}^2-2e_{i+1}e_i+e_i^2)}{\sum\limits_{i=1}^{n}e_i^2}$$

$$= \frac{\sum\limits_{i=1}^{n-1}(e_{i+1}^2+e_i^2)}{\sum\limits_{i=1}^{n}e_i^2} - \frac{2\sum\limits_{i=1}^{n-1}e_{i+1}e_i}{\sum\limits_{i=1}^{n}e_i^2} = \frac{2\sum\limits_{i=1}^{n-1}e_i^2}{\sum\limits_{i=1}^{n}e_i^2} - \frac{e_1^2+e_T^2}{\sum\limits_{i=1}^{n}e_i^2} - \frac{2\sum\limits_{i=1}^{n-1}e_{i+1}e_i}{\sum\limits_{i=1}^{n}e_i^2}$$

であり，nが十分大きいときには，第2項，第3項はそれぞれ，以下のように近似できる.

$$\frac{e_1^2+e_T^2}{\sum\limits_{i=1}^{n}e_i^2} \approx 0$$

$$\frac{2\sum\limits_{i=1}^{n-1}e_{i+1}e_i}{\sum\limits_{i=1}^{n}e_i^2} \approx \frac{\sum\limits_{i=1}^{n-1}e_{i+1}e_i}{\sum\limits_{i=1}^{n-1}e_i^2}$$

第3項は，$n-1$ 組の前後の残差 $(e_i,\ e_{i+1})$ の相関係数に一致することがわかる．これを r と書くと，以下のようにできる．

$$\frac{2\sum_{i=1}^{n-1} e_i^2}{\sum_{i=1}^{n} e_i^2} - \frac{e_1^2 + e_T^2}{\sum_{i=1}^{n} e_i^2} - \frac{2\sum_{i=1}^{n-1} e_{i+1}e_i}{\sum_{i=1}^{n} e_i^2} = 2 - 0 - 2r = 2(1-r) \tag{2.20}$$

相関係数は $-1\sim1$ までの値をとり，前後の残差の相関 r が 0 のときは，式 (2.20) に代入すると，DW が 2 をとることがわかる．

すなわち，ダービン・ワトソン比の値を計算し，2 から離れた値をとるときは，残差の時系列的な傾向があることを考える．一方，前後の残差の相関関係に着目しているため，例えば，2 個後の残差との相関がある場合を検出することは難しい．この場合，残差の時系列プロットに着目して分析することで検出

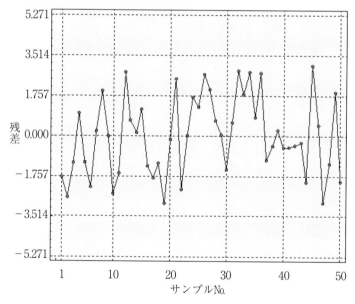

図 2.15 残差の時系列プロット

2.4 残差の検討

できる．

残差の時系列プロットを作成したものを前掲の図 2.15 に示す．残差の時系列プロットからは，特に上昇傾向や下降傾向は見られない．周期的な変動もなさそうである．全体として曲線になっている箇所もなく，残差の大きさもほぼ一定である．外れ値はヒストグラムによる検討から見られなかったので，ここでは対象外である．

ダービン・ワトソン比は，

$$DW = \frac{\sum_{i=1}^{n-1}(e_{i+1}-e_i)^2}{\sum_{i=1}^{n} e_i} = \frac{1}{S_e}\sum_{i=1}^{n-1}(e_{i+1}-e_i)^2 = \frac{232.4138}{148.1651} = 1.569$$

となり，2 に近いといえ，前後の残差において相関は見られない．

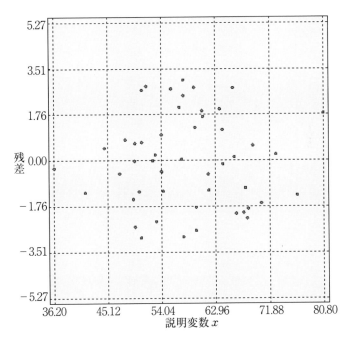

図 2.16 残差と説明変数 x との散布図

③ 説明変数と残差の散布図

横軸に説明変数 x をとり，縦軸に残差をプロットして散布図を書く．残差が等分散になっているか，残差と説明変数の相関がないかどうか，2次関数など曲線的な傾向がないかどうかをチェックする．

例をもとに説明変数と残差の散布図を作成したものを前掲の図 2.16 に示す．

図 2.16 では，残差の等分散性が確認され，点の並びのクセも見られないことから，求めた回帰式は妥当であると考えられる．

④ 目的変数と残差の散布図

目的変数と残差の散布図を書くことで，回帰の当てはまり具合を検討できる．単回帰の場合には，x と y の散布図に回帰式を引くことでも同様の情報を読み取ることができる．横軸に回帰式を用いて予測された目的変数の値をとり，縦

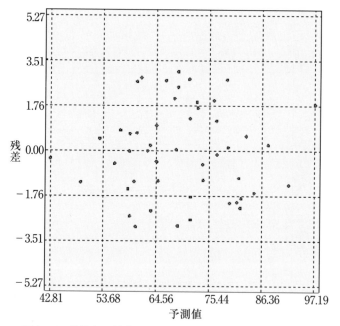

図 2.17 残差と回帰式による目的変数の予測値との散布図

軸には残差をとる.

前掲の図 2.17 では，残差の等分散性が確認され，点の並びのクセも見られないことから，求めた回帰式は妥当であると考えられる.

⑤　検討しなかった変数と残差の散布図

単回帰では，1つの説明変数のみを用いて目的変数を説明しようとしている. 他にも考慮したい変数に関するデータが得られている場合，重回帰分析を適用する前に，検討しなかった変数と残差の散布図を描くことにより，そのまま変数として採用するか，変数変換などの適切な処理をしたうえで，どのような回帰式を構成すべきか，という情報を与えてくれるかもしれない.

2.5　単回帰に関する検定と推定

データにもとづいて計算された単回帰式について，回帰に意味があったかどうかを検討するためには，単回帰式について検定をしたり推定をしたりすることが考えられる. 検定や推定をするためには，推定値の分布を知る必要がある. まずは，$\hat{a}, \hat{b}, S_e$ がどのような分布に従うのかを示しておく.

【$\hat{a}, \hat{b}, S_e$ の分布】

$\hat{b}$ は，平均が b で，分散が S_{xx} の正規分布に従う. これを $\hat{b} \sim N\left(b, \dfrac{\sigma^2}{S_{xx}}\right)$ と書く. 式 (2.10) より，

$$\hat{b} = \frac{S_{xy}}{S_{xx}}$$

であり，S_{xy} は正規分布に従い，S_{xx} は定数であるので，$\hat{b}$ も正規分布に従う. S_{xy} の期待値と分散を求めると，

$$E(S_{xy}) = E[\sum_{i=1}^{n}(x_i-\bar{x})(y_i-\bar{y})]$$

$$= \sum_{i=1}^{n}(x_i-\bar{x})E[(y_i-\bar{y})]$$

$$= \sum_{i=1}^{n}(x_i-\bar{x})\{(a+bx_i)-(a+b\bar{x})\}$$

$$= b\sum_{i=1}^{n}(x_i-\overline{x})^2$$

$$= bS_{xx}$$

$$V(S_{xy}) = V[\sum_{i=1}^{n}(x_i-\overline{x})(y_i-\overline{y})]$$

$$= V[\sum_{i=1}^{n}(x_i-\overline{x})y_i]$$

$$= \sum_{i=1}^{n}(x_i-\overline{x})^2 V(y_i)$$

$$= \sigma^2 S_{xx}$$

である.したがって,

$$E(\hat{b}) = E\left(\frac{S_{xy}}{S_{xx}}\right) = \frac{1}{S_{xx}}E(S_{xy}) = b \tag{2.21}$$

$$V(\hat{b}) = V\left(\frac{S_{xy}}{S_{xx}}\right) = \frac{1}{S_{xx}^2}V(S_{xy}) = \frac{\sigma^2}{S_{xx}} \tag{2.22}$$

となる.式(2.21)および式(2.22)から,最初に示したように,$\hat{b} \sim N(b, \frac{\sigma^2}{S_{xx}})$ となることがわかる.

$\hat{a}$ は,平均が a で,分散が $\left(\frac{1}{n}+\frac{\overline{x}^2}{S_{xx}}\right)\sigma^2$ の正規分布に従う.なぜなら,式(2.11)より,

$$\hat{a} = \overline{y} - \hat{b}\overline{x}$$

であり,このとき,$\overline{y}$, $\hat{b}$ はそれぞれ正規分布に従うので,$\hat{a}$ も正規分布に従う.期待値と分散を求めると,

$$E(\hat{a}) = E(\overline{y}-\hat{b}\overline{x}) = a + b\overline{x} - b\overline{x} = a \tag{2.23}$$

$$V(\hat{a}) = V(\overline{y}-\hat{b}\overline{x}) = V(\overline{y}) + \overline{x}^2 V(\hat{b}) - 2\overline{x}Cov(\overline{y}, \hat{b})$$

$$= \frac{\sigma^2}{n} + \frac{\overline{x}^2}{S_{xx}}\sigma^2 = \left(\frac{1}{n}+\frac{\overline{x}^2}{S_{xx}}\right)\sigma^2 \tag{2.24}$$

(注) このとき,
$Cov(\overline{y}, \hat{b}) = 0$
$Cov(x, y) = E[\{x-E(x)\}\{y-E(y)\}]$
と計算できる.Cov は,共分散 (covariance) を表している.

S_e については,
$$\frac{S_e}{\sigma^2} \sim \chi^2(n-2)$$
であり,
$$V_e = \frac{S_e}{n-2}$$
と定義すると, 以下のようになる.
$$E(V_e) = \sigma^2 \qquad (2.25)$$
以上をもとにして, 回帰に関する検定と推定について触れる.

【単回帰式の傾きに関する検定】

単回帰式に意味があったかどうかを検定するためには, b が 0 かどうかを検定すればよい. すなわち, 帰無仮説 H_0 と対立仮説 H_1 を以下のように設定する.

　　　帰無仮説　　$H_0 : b = 0$

　　　対立仮説　　$H_1 : b \neq 0$

得られた回帰直線に対して, その傾きが 0 であるということは, x の値によって y が説明できていないということである. 帰無仮説が棄却できれば, ある程度 x の値によって y が説明できているということになるため, 求めた回帰式には意味があるといえる. 先ほど求めたように, $\hat{b} \sim N\left(b, \frac{\sigma^2}{S_{xx}}\right)$ であるから, これを規準化した

$$\frac{\hat{b} - b}{\sqrt{\frac{\sigma^2}{S_{xx}}}} \sim N(0, 1^2)$$

に対して, σ^2 が未知であるので, データから計算した推定値 V_e を使って表すと, t 分布に従うことになる. すなわち,

$$\frac{\hat{b} - b}{\sqrt{\frac{V_e}{S_{xx}}}} \sim t(n-2)$$

である. いま, $H_0 : b = 0$ であるから, 検定統計量 t_0 は,

$$t_0 = \frac{\hat{b}}{\sqrt{\frac{V_e}{S_{xx}}}} \tag{2.26}$$

として求めると，自由度 $n-2$ の t 分布に従う．両側検定であるので，式 (2.26) の検定統計量 t_0 について，

$$|t_0| \geq t(n-2, \alpha)$$

が成り立つとき，帰無仮説 H_0 は棄却され，対立仮説 H_1 が採択される．

【表 1.7 のデータから得られた単回帰式に対する検定】

表 1.7 のデータに対する単回帰式は，$y = -1.34 + 1.22x$ であった．これに対して，有意水準 5% で b が 0 かどうかを検定する．

帰無仮説，対立仮説を以下のように設定する．

　　　　帰無仮説　　$H_0 : b = 0$
　　　　対立仮説　　$H_1 : b \neq 0$

式 (2.25) より，検定統計量 t_0 を計算する．

$$V_e = \frac{S_e}{n-2} = \frac{148.1651}{48} = 3.087$$

$$t_0 = \frac{\hat{b}}{\sqrt{\frac{V_e}{S_{xx}}}} = \frac{1.2195}{\sqrt{\frac{3.087}{3973.54}}} = 43.753$$

$$|t_0| = 43.753 \geq t(48, 0.05) = 2.011$$

したがって，b が 0 ではないといえ，回帰に意味があるといえる．

【従来の単回帰式から傾きが変化したかどうかの検定】

次に，過去の経験からの傾きの値 b_0 がわかっている場合に，従来の値から変化したかどうかの検定を考える．すなわち，帰無仮説・対立仮説を以下のように設定した場合の検定である．

2.5 単回帰に関する検定と推定

帰無仮説　$H_0 : b = b_0$

対立仮説　$H_1 : b \neq b_0$

このときの検定統計量は，自由度 $n-2$ の t 分布に従う．

$$t_0 = \frac{\hat{b} - b_0}{\sqrt{\dfrac{V_e}{S_{xx}}}} \sim t(n-2) \tag{2.27}$$

上記と同様に，式(2.26)の検定統計量 t_0 について $|t_0| \geq t(n-2, \alpha)$ が成り立つとき，帰無仮説 H_0 は棄却され，対立仮説 H_1 が採択される．

【表1.7のデータから得られた単回帰式に対して傾きが変化したかどうかの検定】

有意水準5%で b が従来の値1.20のままかどうかを検定する．

帰無仮説，対立仮説を以下のように設定する．

帰無仮説　$H_0 : b = 1.20$

対立仮説　$H_1 : b \neq 1.20$

式(2.27)より，検定統計量 t_0 を計算する．

$$t_0 = \frac{\hat{b} - 1.20}{\sqrt{\dfrac{V_e}{S_{xx}}}} = \frac{1.2195 - 1.20}{\sqrt{\dfrac{3.087}{3973.54}}} = 0.700$$

$|t_0| = 0.700 < t(48, 0.05) = 2.011$

したがって，b が1.20と異なるとはいえない．

【従来の単回帰式から切片が変化したかどうかの検定】

さらに，切片 a について，従来の値 a_0 がわかっている場合に，従来の値から変化したかどうかの検定を考える．

帰無仮説　$H_0 : a = a_0$

対立仮説　$H_1 : a \neq a_0$

$\hat{a} \sim \mathrm{N}\left(a,\ \left(\dfrac{1}{n} + \dfrac{\overline{x}^2}{S_{xx}}\right)\sigma^2\right)$ より，これを規準化した

$$\dfrac{\hat{a} - a}{\sqrt{\left(\dfrac{1}{n} + \dfrac{\overline{x}^2}{S_{xx}}\right)\sigma^2}} \sim \mathrm{N}(0,\ 1^2)$$

に対して，いま σ^2 が未知であるので，データから計算した推定値 V_e を使って表すと，t 分布に従うことになる．すなわち，

$$\dfrac{\hat{a} - a}{\sqrt{\left(\dfrac{1}{n} + \dfrac{\overline{x}^2}{S_{xx}}\right)V_e}} \sim t(n-2)$$

として求めると，自由度 $n-2$ の t 分布に従う．いま，$\mathrm{H}_0 : a = a_0$ であるから，検定統計量 t_0 は，以下のようになる．

$$t_0 = \dfrac{\hat{a} - a_0}{\sqrt{\left(\dfrac{1}{n} + \dfrac{\overline{x}^2}{S_{xx}}\right)V_e}} \tag{2.28}$$

上記と同様に，式(2.28)の検定統計量 t_0 について $|t_0| \geq t(n-2,\ \alpha)$ が成り立つとき，帰無仮説 H_0 は棄却され，対立仮説 H_1 が採択される．とくに，求めた回帰直線が原点を通るかどうかの検定は，$a_0 = 0$ の検定であり，このとき検定統計量 t_0 は，以下のようになる．

$$t_0 = \dfrac{\hat{a}}{\sqrt{\left(\dfrac{1}{n} + \dfrac{\overline{x}^2}{S_{xx}}\right)V_e}} \tag{2.29}$$

【表1.6のデータから得られた単回帰式に対して切片が変化したかどうかの検定】

有意水準5%で従来の値 $a_0 = 0$ のままかどうかの検定を考える．

　　　帰無仮説　$\mathrm{H}_0 : a = 0$
　　　対立仮説　$\mathrm{H}_1 : a \neq 0$

2.5 単回帰に関する検定と推定

検定統計量は, 式 (2.29) より,

$$t_0 = \frac{\hat{a} - a_0}{\sqrt{\left(\frac{1}{n} + \frac{\bar{x}^2}{S_{xx}}\right) V_e}} = \frac{-1.3387}{\sqrt{\left(\frac{1}{50} + \frac{58.07^2}{3973.54}\right) \times 3.087}} = -0.818$$

両側検定であるので,

$$|t_0| = 0.818 < t(n-2, \alpha) = t(48, 0.05) = 2.011$$

したがって, a が 0 と異なるとはいえない.

【単回帰式の傾きに関する区間推定】

それぞれの区間推定は, b については,

$$\frac{\hat{b} - b_0}{\sqrt{\frac{V_e}{S_{xx}}}} \sim t(n-2)$$

より, b の $100(1-\alpha)\%$ 信頼区間は, 以下で求められる.

$$\hat{b} \pm t(n-2, \alpha) \sqrt{\frac{V_e}{S_{xx}}} \tag{2.30}$$

【表 1.6 のデータから得られた単回帰式の傾きに対する推定】

b の 95% 信頼区間は, 式 (2.29) より,

$$\hat{b} \pm t(n-2, \alpha) \sqrt{\frac{V_e}{S_{xx}}} = 1.2195 \pm t(48, 0.05) \sqrt{\frac{3.087}{3973.54}}$$

$$= 1.2195 \pm 2.011 \times 0.0349 = 1.163, \ 1.276$$

すなわち, b の 95% 信頼区間は, 1.163〜1.276 と求めることができる.

【単回帰式の切片に関する区間推定】

a については,

$$\frac{\hat{a} - a}{\sqrt{\left(\frac{1}{n} + \frac{\bar{x}^2}{S_{xx}}\right) V_e}} \sim t(n-2)$$

より，a の $100(1-\alpha)\%$ 信頼区間は，以下のように求められる．

$$\hat{a} \pm t(n-2, \alpha)\sqrt{\left(\frac{1}{n}+\frac{\overline{x}^2}{S_{xx}}\right)V_e} \tag{2.31}$$

【表 1.6 のデータから得られた単回帰式の切片に対する推定】

a の 95% 信頼区間は，式(2.31)より，以下のように求められる．

$$\hat{a} \pm t(n-2, \alpha)\sqrt{\left(\frac{1}{n}+\frac{\overline{x}^2}{S_{xx}}\right)V_e}$$

$$= -1.3387 \pm t(48, 0.05)\sqrt{\left(\frac{1}{50}+\frac{58.07^2}{3973.54}\right) \times 3.087}$$

$$= -1.3387 \pm 2.011 \times 1.638 = -4.631, 1.954$$

すなわち，a の 95% 信頼区間は，$-4.631 \sim 1.954$ と求めることができる．

【単回帰式の残差分散に関する区間推定】

σ^2 については，
$$\frac{S_e}{\sigma^2} \sim \chi^2(n-2)$$
より，σ^2 の $100(1-\alpha)\%$ 信頼区間は，以下のように求められる．

$$\frac{(n-2)S_e}{\chi^2\left(n-2, \frac{\alpha}{2}\right)} \leq \sigma^2 \leq \frac{(n-2)S_e}{\chi^2\left(n-2, 1-\frac{\alpha}{2}\right)} \tag{2.32}$$

【表 1.6 のデータから得られた単回帰式の残差分散に対する推定】

σ^2 の 95% 信頼区間は，式(2.32)より，以下のように求められる．

$$\frac{(n-2)S_e}{\chi^2\left(n-2, \frac{\alpha}{2}\right)} \leq \sigma^2 \leq \frac{(n-2)S_e}{\chi^2\left(n-2, 1-\frac{\alpha}{2}\right)}$$

$$\frac{48 \times 148.1651}{\chi^2(48, 0.025)} \leq \sigma^2 \leq \frac{48 \times 148.1651}{\chi^2(48, 0.975)}$$

$$\frac{7111.927}{69.023} \leq \sigma^2 \leq \frac{7111.927}{30.755}$$

2.5 単回帰に関する検定と推定

$103.03 \leq \sigma^2 \leq 231.2483$

【単回帰式の母回帰 μ_0 に関する区間推定】

一方で,得られた回帰式が意味のあるものかどうかを判断するために,得られた回帰式自体がどの程度の精度をもつのか判断することが重要である.すなわち,切片や傾きの値を検定・推定するのではなく,指定した $x=x_0$ のときに,母回帰 μ_0 の推定値 $\hat{\mu}_0=\hat{a}+\hat{b}x$ の推定を行うことが考えられる.

$\hat{\mu}_0$ の分布は,これまでの議論より,$\hat{a}, \hat{b}$ がそれぞれ正規分布に従うことから,正規分布である.その期待値と分散は,それぞれ

$$E(\mu_0) = E(\hat{a}) + E(\hat{b}x_0) = a + bx_0$$

$$V(\mu_0) = V(\hat{a}) + x_0^2 V(\hat{b}) + 2x_0 Cov(\hat{a}, \hat{b})$$

$$= \left(\frac{1}{n} + \frac{\overline{x}^2}{S_{xx}}\right)\sigma^2 + \frac{x_0^2}{S_{xx}}\sigma^2 - \frac{2x_0\overline{x}}{S_{xx}}\sigma^2$$

$$= \left\{\frac{1}{n} + \frac{(x_0 - \overline{x})^2}{S_{xx}}\right\}\sigma^2$$

と求めることができるので,規準化したうえで σ^2 を V_e を使って表すと,t 分布に従うことになる.すなわち,

$$\frac{\hat{\mu}_0 - \mu_0}{\sqrt{\left\{\frac{1}{n} + \frac{(x_0 - \overline{x})^2}{S_{xx}}\right\}V_e}} \sim t(n-2)$$

と書ける.したがって,μ_0 の $100(1-\alpha)\%$ 信頼区間は,

$$\hat{\mu}_0 \pm t(n-2, \alpha)\sqrt{\left\{\frac{1}{n} + \frac{(x_0 - \overline{x})^2}{S_{xx}}\right\}V_e} \tag{2.33}$$

で求めることができる.式 (2.33) より,信頼区間の幅は,x_0 の値によって変化する.なお,幅が最も小さくなるときは,$x_0=\overline{x}$ のときで,このとき,$\frac{(x_0-\overline{x})^2}{S_{xx}}=0$ となるので,以下のように求められる.

$$\widehat{V}(\mu_0) = \frac{\sigma^2}{n}$$

x_0 が $\bar{x}$ から離れた値をとるほど,$\dfrac{(x_0-\bar{x})^2}{S_{xx}}$ の値が大きくなるため,信頼区間の幅は広くなる.

【表 1.6 のデータから得られた単回帰式に対する $x_0=\bar{x}$ のときの $\hat{\mu}_0=\hat{a}+\hat{b}x$ の区間推定】

$x_0=\bar{x}$ のとき,以下のように求められる.

$$\hat{\mu}_0 \pm t(n-2,\ \alpha)\sqrt{\left\{\dfrac{1}{n}+\dfrac{(x_0-\bar{x})^2}{S_{xx}}\right\}V_e}$$

$$=-1.3387+58.07\times(-1.2195)\pm t(48,\ 0.05)\sqrt{\dfrac{1}{50}\times 3.087}$$

$$=69.478\pm 2.011\times 0.248$$

$$=68.978,\ 69.977$$

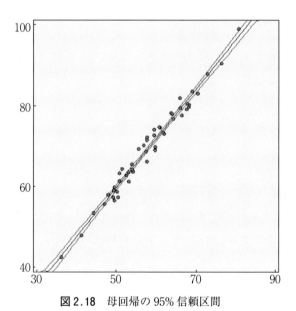

図 2.18 母回帰の 95% 信頼区間

2.5 単回帰に関する検定と推定

前掲の図 2.18 は，母回帰の区間推定を式(2.33)にさまざまな x を代入して計算している．$x_0=\bar{x}$ の付近の幅は小さいが，$\bar{x}$ から離れた値をとるほど，信頼区間の幅は広くなっていることが確認できる．表 2.7 には，具体的にいくつかの x を指定したうえで信頼区間を算出している．# は，回帰式を外挿していることを表す．2.3 節で述べたように，固有技術的な検討をしたうえで，2 変数の関係を表しているのかどうかを検討すべきであることを示している．図 2.18 でわかったように，幅が $\bar{x}$ から離れた値をとるほどに広くなっていることが定量的にも確認できる．

表 2.7 母回帰の信頼区間の幅

x	上限	点推定値	下限
30.00	36.896	# 35.245	33.594
40.00	48.569	47.440	46.311
50.00	60.308	59.634	58.960
58.07	69.977	69.478	68.978
60.00	72.340	71.829	71.318
70.00	84.859	84.024	83.189
80.00	97.545	96.218	94.891
90.00	110.271	# 108.413	106.555

【単回帰式に対する $x_0=\bar{x}$ のときの $\hat{y_0}=\hat{a}+\hat{b}x_0$ の区間推定】

生データのほとんどは，図 2.18 の区間推定の 2 本の線の間には入っていない．これは，求めている信頼区間は平均値に関するものであるため，生データのばらつきを含んでいないためである．

そこで，指定した $x=x_0$ のときに，y_0 の推定値 $\hat{y_0}=\hat{a}+\hat{b}x_0$ の推定を行うことが考えられる．これは先ほどの母回帰の値に，データのばらつきが加わった形である．

$$y_0 = a + bx_0 + \varepsilon$$
$$E(\hat{y}_0 - y_0) = 0$$
$$V(\hat{y}_0 - y_0) = \left\{1 + \frac{1}{n} + \frac{(x_0 - \overline{x})^2}{S_{xx}}\right\}\sigma^2$$

であるので，規準化したうえで σ^2 を V_e を使って表すと，t 分布に従うことになる．すなわち，以下のように求められる．

$$\frac{\hat{y}_0 - y_0}{\sqrt{\left\{1 + \frac{1}{n} + \frac{(x_0 - \overline{x})^2}{S_{xx}}\right\}V_e}} \sim t(n-2)$$

したがって，μ_0 の $100(1-\alpha)\%$ 信頼区間は，以下のように求められる．

$$(\hat{a} + \hat{b}x_0) \pm t(n-2, \alpha)\sqrt{\left\{1 + \frac{1}{n} + \frac{(x_0 - \overline{x})^2}{S_{xx}}\right\}\sigma^2} \tag{2.34}$$

【表1.6 のデータから得られた単回帰式に対する $x_0 = \overline{x}$ のときの $\hat{y}_0 = \hat{a} + \hat{b}x_0$ の区間推定】

$x_0 = \overline{x}$ のとき，データの予測の 95% 信頼区間は，式(2.34)に代入して，以下のようになる．

$$(\hat{a} + \hat{b}x_0) \pm t(n-2, \alpha)\sqrt{\left\{1 + \frac{1}{n} + \frac{(x_0 - \overline{x})^2}{S_{xx}}\right\}V_e}$$
$$= -1.3387 + 58.07 \times (-1.2195) \pm t(48, 0.05)\sqrt{\frac{51}{50} \times 3.087}$$
$$= 69.478 \pm 2.011 \times 1.774$$
$$= 65.910, 73.045$$

図 2.19 は，式(2.34)を用いて計算したデータの予測区間を示している．ほとんどの点が 2 本の線のなかに入っていることが確認できる．表 2.8 に，具体的にいくつかの x を指定したうえで予測区間を算出している．

＃は，回帰式を外挿していることを表す．2.3 節で述べたように，固有技術的な検討をしたうえで，2 変数の関係を表しているのかどうかを検討すべきであることを示している．

2.5 単回帰に関する検定と推定

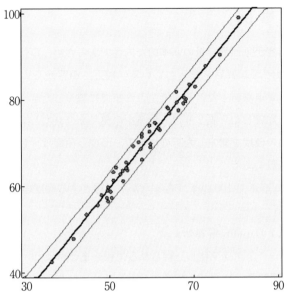

図 2.19 データの予測の 95% 信頼区間

表 2.8 データの予測の信頼区間の幅

x	上限	点推定値	下限
30.00	39.144	# 35.245	31.346
40.00	51.148	47.440	43.731
50.00	63.231	59.634	56.038
58.07	73.045	69.478	65.910
60.00	75.398	71.829	68.260
70.00	87.654	84.024	80.394
80.00	99.992	96.218	92.445
90.00	112.404	# 108.413	104.422

2.6 解析事例

ここまでの内容が単回帰分析の基本的な内容であるため,事例を用いて解説する.A 社では,ゴム製品を製造している.最近,顧客からの硬度のばらつき低減に関する要求があった.そこで,これまでに製造したデータを調査し,以下の表 2.9 を作成した.表 2.9 は,操業中の製品を取り出し,そのときの加工温度と,製品の硬度を測定したものである.温度と硬度は,数値を変換しているため,無名数である.

従来の規格は 50 以上 100 以下であったが,目標とする硬度の規格は,70 以上 90 以下である.

このとき,以下の小問に解答せよ.

小問 1　データをグラフ化し,得られる情報をまとめよ.

小問 2　相関係数,回帰式,残差の分散を求めよ.また,残差の検討を行え.残差の検討では,規準化残差のヒストグラム,残差の時系列プロットおよび説明変数と規準化残差の散布図を作成し考察せよ.

小問 3　温度が 26.0 のときの硬度の母回帰式の 95% 信頼区間を求めよ.さらに,硬度の生データの点予測および 95% 予測区間を求めよ.さらに,95% 予測区間が規格を満たすようにするための温度の範囲を示せ.

【小問 1 の解答例】

「小問 1　データのグラフ化」を行うと,図 2.20 のようになる.ここから得られる情報は,以下の 4 点である.

① 全体的な値の傾向は,温度が高くなると硬度が高くなっていることがわかる.

② 外れ値の有無については,温度の低い 2 点が,他の点からは離れているように見える.4 月 14 日のデータ(温度 27.0,硬度 65.2)については,硬度が周りと比べて低くなっている.これらの値については除去せず,

2.6 解析事例

表 2.9 温度と硬度に関するデータ

No.	温度 x	硬度 y
4月1日	29.7	86.8
4月2日	17.3	51.4
4月3日	25.6	73.2
4月4日	23.0	74.0
4月5日	27.2	82.3
4月6日	25.2	75.9
4月7日	30.1	92.7
4月8日	27.3	78.5
4月9日	23.1	70.9
4月10日	24.3	77.1
4月11日	27.8	80.9
4月12日	19.0	53.3
4月13日	21.0	62.0
4月14日	27.0	65.2
4月15日	28.1	86.3
4月16日	28.3	81.8
4月17日	23.3	65.0
4月18日	24.6	68.8
4月19日	23.9	69.4
4月20日	23.3	69.0
4月21日	26.4	78.0
4月22日	29.5	90.9
4月23日	25.6	78.2
4月24日	29.9	84.7
4月25日	24.8	76.5

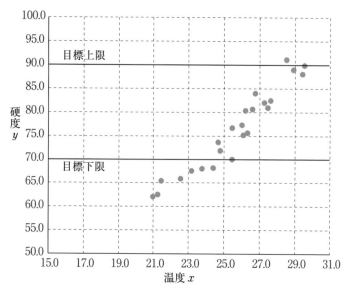

図 2.20 データのグラフ化

このまま解析する.
③ 層別の必要性の検討については,よくわからない.
④ 調査範囲との関係については,目標とする規格の範囲にはデータが多く存在し,また,従来の規格付近にもデータが存在しているため,今回の興味のある範囲はカバーしているように見える.

【小問 2 の解答例】
相関係数の計算(1.3 節参照)

表 2.10 に示す計算補助表にもとづき,以下のように求められる.

$$S_{xx} = \sum_{i=1}^{n} x_i^2 - \frac{(\sum_{i=1}^{n} x_i)^2}{n} = 16404.1 - \frac{635.3^2}{25} = 258.8864$$

$$S_{yy} = \sum_{i=1}^{n} y_i^2 - \frac{(\sum_{i=1}^{n} y_i)^2}{n} = 142915.2 - \frac{1872.8^2}{25} = 2619.966$$

2.6 解析事例

表 2.10 計算補助表

No.	温度 x	硬度 y	x^2	y^2	xy
4月1日	29.7	86.8	882.1	7534.2	2578.0
4月2日	17.3	51.4	299.3	2642.0	889.2
4月3日	25.6	73.2	655.4	5358.2	1873.9
4月4日	23.0	74.0	529.0	5476.0	1702.0
4月5日	27.2	82.3	739.8	6773.3	2238.6
4月6日	25.2	75.9	635.0	5760.8	1912.7
4月7日	30.1	92.7	906.0	8593.3	2790.3
4月8日	27.3	78.5	745.3	6162.3	2143.1
4月9日	23.1	70.9	533.6	5026.8	1637.8
4月10日	24.3	77.1	590.5	5944.4	1873.5
4月11日	27.8	80.9	772.8	6544.8	2249.0
4月12日	19.0	53.3	361.0	2840.9	1012.7
4月13日	21.0	62.0	441.0	3844.0	1302.0
4月14日	27.0	65.2	729.0	4251.0	1760.4
4月15日	28.1	86.3	789.6	7447.7	2425.0
4月16日	28.3	81.8	800.9	6691.2	2314.9
4月17日	23.3	65.0	542.9	4225.0	1514.5
4月18日	24.6	68.8	605.2	4733.4	1692.5
4月19日	23.9	69.4	571.2	4816.4	1658.7
4月20日	23.3	69.0	542.9	4761.0	1607.7
4月21日	26.4	78.0	697.0	6084.0	2059.2
4月22日	29.5	90.9	870.3	8262.8	2681.6
4月23日	25.6	78.2	655.4	6115.2	2001.9
4月24日	29.9	84.7	894.0	7174.1	2532.5
4月25日	24.8	76.5	615.0	5852.3	1897.2
合計	635.3	1872.8	16404.1	142915.2	48348.8

$$S_{xy} = \sum_{i=1}^{n} x_i y_i - \frac{(\sum_{i=1}^{n} x_i)(\sum_{i=1}^{n} y_i)}{n} = 48348.8 - \frac{635.3 \times 1872.8}{25} = 757.2164$$

$$r = \frac{S_{xy}}{\sqrt{S_{xx} S_{yy}}} = \frac{757.2164}{\sqrt{258.8864 \times 2619.966}} = 0.918$$

相関係数は0.918となり,強い相関がありそうである.

単回帰式の算出(2.1節参照)

$$\hat{b} = \frac{S_{xy}}{S_{xx}} = \frac{757.2164}{258.8864} = 2.914$$

$$\hat{a} = \bar{y} - \frac{S_{xy}}{S_{xx}} \bar{x} = \frac{1872.8}{25} - \frac{757.2164}{258.8864} \times \frac{635.3}{25} = 0.870$$

したがって,求める回帰式は,以下のように求められる.

$$y = 0.870 + 2.914x$$

残差の算出(2.4節参照)

残差は,

$$e_i = y_i - \hat{y}_i = y_i - \hat{a} - \hat{b} x_i$$

として求められる.そのため,No.1の残差は,以下のように求められる.

$$e_1 = 86.8 - 0.870 - 2.914 \times 29.7 = -0.61$$

すべての残差を計算したうえで,

$$S_e = 413.710$$

$$V_e = \frac{S_e}{n-2} = \frac{413.710}{23} = 17.987$$

$$e'_i = \frac{e_i}{\sqrt{V_e}} = \frac{e_i}{4.241}$$

であるから,No.1の残差を規準化すると,

$$e'_1 = \frac{e_1}{\sqrt{V_e}} = \frac{-0.61}{4.241} = -0.148$$

2.6 解析事例

表 2.11 残差と規準化残差

No.	硬度 y	点推定 $\hat{y}$	残差	規準化残差
1	86.8	87.41	−0.61	−0.148
2	51.4	51.28	0.12	0.034
3	73.2	75.46	−2.26	−0.535
4	74.0	67.88	6.12	1.532
5	82.3	80.12	2.18	0.519
6	75.9	74.29	1.61	0.379
7	92.7	88.57	4.13	1.042
8	78.5	80.41	−1.91	−0.456
9	70.9	68.18	2.72	0.654
10	77.1	71.67	5.43	1.331
11	80.9	81.87	−0.97	−0.231
12	53.3	56.23	−2.93	−0.764
13	62.0	62.06	−0.06	−0.014
14	65.2	79.54	−14.34	−4.911
15	86.3	82.74	3.56	0.864
16	81.8	83.33	−1.53	−0.367
17	65.0	68.76	−3.76	−0.909
18	68.8	72.55	−3.75	−0.899
19	69.4	70.51	−1.11	−0.262
20	69.0	68.76	0.24	0.057
21	78.0	77.79	0.21	0.049
22	90.9	86.82	4.08	1.016
23	78.2	75.46	2.74	0.651
24	84.7	87.99	−3.29	−0.819
25	76.5	73.13	3.37	0.806

となる．これらの結果を表 2.11 にまとめた．

規準化残差のヒストグラム(2.4 節参照)

規準化残差のヒストグラムを，図 2.21 に示す．

正規分布ではなさそうであり，離れた値が 1 つ見受けられる．-3σ を超えており，外れ値があるといえる．

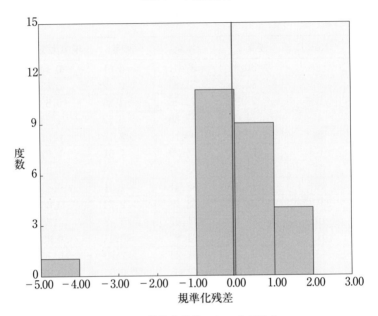

図 2.21 規準化残差のヒストグラム

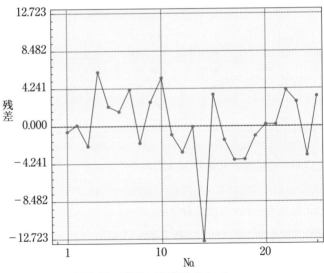

図 2.22 残差の時系列プロット

残差の時系列プロット(2.4節参照)

　残差の時系列プロットは，前掲の図 2.22 のようになる.

　残差の時系列プロットからは，図 2.21 のヒストグラムに負の残差が大きなものとして表れていたものが No.14 であることがわかった．それ以外に，時系列での特徴は見られない．

　ダービン・ワトソン比は，

$$DW = \frac{1}{S_e} \sum_{i=1}^{n-1} (e_{i+1} - e_i)^2 = 2.123$$

であり，前後の残差には相関がなさそうである.

説明変数と規準化残差の散布図(2.4節参照)

　説明変数と規準化残差の散布図を以下の図 2.23 に示す．図では，これまでの検討で残差がマイナス方向に大きかった点以外に，とくに傾向は見られない．

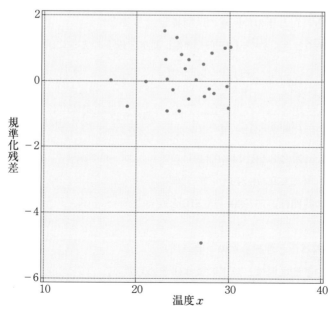

図 2.23　説明変数 x と規準化残差の散布図

以上の分析より，求めた単回帰式をそのまま使うのは難しそうである．そこで，外れ値と思われる1点を取り除いて，回帰式を再度求める．

単回帰式の再計算（2.1節参照）

No.14の点を取り除いて，相関係数を求めると，相関係数は$r=0.960$となり，強い相関がありそうである．回帰式から外れる点を取り除いたため，相関係数は大きく上昇した．

回帰式は，$y=-0.869+3.006x$となった．外れ値を取り除く前の回帰式の$y=0.870+2.914x$からは大きく変化した．

残差の検討を実施する．ヒストグラム，時系列プロットおよび説明変数と規準化残差の散布図には，特に目立ったところはなく，回帰は全体的に成り立っているようにみえる．以降は，こちらの回帰式を使って検討を進めていく．

【小問3の解答例】

x_0が与えられたときの母回帰の区間推定（2.5節参照）

$x_0=26.0$のとき，$y=-0.869+3.006x$より，以下のように求められる．

$$\hat{\mu}_0 \pm t(n-2,\ \alpha)\sqrt{\left\{\frac{1}{n}+\frac{(x_0-\bar{x})^2}{S_{xx}}\right\}V_e}$$

$$=77.283 \pm t(22,\ 0.05)\sqrt{\left(\frac{1}{24}+\frac{(26.0-25.35)^2}{257.2596}\right)\times 8.971}$$

$$=77.283 \pm 2.074 \times 0.829$$

$$=75.990,\ 78.576$$

母回帰の範囲は，$75.990 \sim 78.576$となった．

x_0が与えられたときデータの予測区間

データの予測区間は，以下のように求められる．

$$(\hat{a}+\hat{b}x_0) \pm t(n-2,\ \alpha)\sqrt{\left\{1+\frac{1}{n}+\frac{(x_0-\bar{x})^2}{S_{xx}}\right\}V_e}$$

$$= 77.283 \pm t(22,\ 0.05) \sqrt{\left(1+\frac{1}{24}+\frac{(26.0-25.35)^2}{257.2596}\right) \times 8.971}$$

$$= 77.283 \pm 2.074 \times 3.059$$

$$= 70.938,\ 83.628$$

したがって，データの 95% 予測区間は，70.938〜83.628 である．

データの予測区間が規格を満たす x_0 の範囲

規格は 70 以上 90 以下であった．データの 95% 予測区間を計算する式は，

$$(\hat{a}+\hat{b}x_0) \pm t(n-2,\alpha) \sqrt{\left\{1+\frac{1}{n}+\frac{(x_0-\bar{x})^2}{S_{xx}}\right\}V_e}$$

であり，x_0 以外の値を代入すると，

$$-0.869+3.006x_0 \pm t(22,\ 0.05) \sqrt{\left(1+\frac{1}{24}+\frac{(x_0-25.35)^2}{257.2596}\right)\times 8.971}$$

となる．これが，70〜90 の範囲に入っていればよい．先ほど求めた $x_0=26.0$ のとき，データの 95% 予測区間は，70.938〜83.628 であったため，条件を満たしている．計算を簡単にするため，予測下限が 70 になる x_0 と，予測上限が 90 になる x_0 を求めることとする．すなわち，

$$70 = -0.869+3.006x_0 - 2.074\sqrt{\left(1+\frac{1}{24}+\frac{(x_0-25.35)^2}{257.2596}\right)\times 8.971}$$

$$90 = -0.869+3.006x_0 + 2.074\sqrt{\left(1+\frac{1}{24}+\frac{(x_0-25.35)^2}{257.2596}\right)\times 8.971}$$

となる式を解けばよい．これらは，2 次方程式の形に整理した後に解の公式を用いて解けばよい．

以上より，$x_0=25.687,\ 28.092$ が求まる．したがって，温度を 25.687〜28.092 の範囲に管理することで，データの 95% 予測区間が規格に収まるといえる．

2.7 繰返しがある場合の単回帰

本節以降の内容はやや特殊なケースを扱っているので，基本的な内容に関心のある読者は読み飛ばしてもよい．

実験的にデータを得た場合や，ある条件で製造を繰返し行う場合には，同じ x のときに，y が複数得られている場合が想定できる．このときには，これまで述べてきた通常の回帰分析を実行することも可能である．一方で，複数の y が存在するときにはそれらの情報を誤差の推定に用いることができる．

これまで，残差と誤差という用語を，あまり厳密には分別せずに使用してきた．すなわち，分析対象とするデータの，説明変数 x と目的変数 y の組合せは一通りであることが多かった．したがって，回帰式で得られた目的変数の値と目的を変数 y の差，回帰式では説明できない差としてとらえるべきなのか，仮に同じ説明変数で新たにデータを取得していた場合に，回帰式と一致し，元となったデータには実験の誤差などがあったと考えるべきかは明らかでなかった．そのため，これまではこれらの差をまとめた形で残差や誤差とよんでいたが，同じ x のときに，y が複数得られている場合には，これらを区別することができる．具体的には，回帰からの残差のうち，各水準 x における繰返しの誤差（純粋誤差，偶然誤差ともよぶ）を分解して取り出すことで，その誤差に対して，回帰式に意味があるかどうかの検定をすることが可能となる．

これは，ある x に対して複数回の y のデータがあるということなので，一元配置分散分析のデータと同様と考えることができる．したがって，一元配置のデータについて，x の単回帰式を用いて y の母平均を表すことができるという条件を追加した場合と考えることができる．すなわち，**2.3節**で検討した平方和をさらに分解していると考えることができる．

ここで，k 通りの $x=x_i$ のデータが，n_i 個ある状況を考えてみる．すなわち，(x_i, y_{ir}) というデータが $i=1, \cdots, k$，$r=1, \cdots, n_i$ 個あるとする．データの個数は，$N=\sum_{i=1}^{k} n_i$ 個となる．

そのため以下のように書くことができる．

2.7 繰返しがある場合の単回帰

$$S_T = \sum_{i}^{k} \sum_{r}^{n_i} (y_{ir} - \bar{y})^2$$

$$= \sum_{i}^{k} \sum_{r}^{n_i} (y_{ir} - \bar{y}_{i\cdot} + \bar{y}_{i\cdot} - \bar{y})^2$$

$$= \sum_{i}^{k} \sum_{r}^{n_i} (y_{ir} - \bar{y}_{i\cdot})^2 + \sum_{i}^{k} n_i (\bar{y}_{i\cdot} - \bar{y})^2$$

$$= \sum_{i}^{k} \sum_{r}^{n_i} (y_{ir} - \bar{y}_{i\cdot})^2 + \sum_{i}^{k} n_i \{(\bar{y}_{i\cdot} - \hat{a} - \hat{b} x_i) + (\hat{a} + \hat{b} x_i - \bar{y})\}^2$$

$$= \sum_{i}^{k} \sum_{r}^{n_i} (y_{ir} - \bar{y}_{i\cdot})^2 + \sum_{i}^{k} n_i (\bar{y}_{i\cdot} - \hat{a} - \hat{b} x_i)^2 + \sum_{i}^{k} n_i (\hat{a} + \hat{b} x_i - \bar{y})^2$$

級内変動,級間変動を S_E, S_A と書き,これまでと同様に残差平方和,回帰平方和を S_e, S_R と書くと,以下のように求められる.

$$S_T = S_E + S_A = S_E + (S_A - S_R) + S_R \tag{2.35}$$

$$S_T = S_R + S_e = S_E + (S_e - S_E) + S_R \tag{2.36}$$

また,

$$S_r = S_A - S_R = S_e - S_E \tag{2.37}$$

を当てはまりの悪さの平方和とよぶ.この平方和の分解から,表 2.12 の分散分析表を得ることができる.

表 2.12 分散分析表

要因	S	ϕ	V	F_0
回帰	$S_R = \dfrac{S_{xy}^2}{S_{xx}}$	$\phi_R = 1$	$V_R = \dfrac{S_R}{\phi_R} = S_R$	$\dfrac{V_R}{V_E}$
当てはまりの悪さ	$S_r = S_A - S_R$	$\phi_r = k - 2$	$V_r = \dfrac{S_r}{\phi_r}$	$\dfrac{V_r}{V_E}$
級間	S_A	$\phi_A = k - 1$	$V_A = \dfrac{S_A}{\phi_A}$	$\dfrac{V_A}{V_E}$
級内	$S_E = S_T - S_A$	$\phi_e = N - k$	$V_E = \dfrac{S_E}{\phi_E}$	
合計	S_T	$\phi_T = N - 1$		

以上の分散分析表をもとに,まずは級間が有意であるかどうかの検討をする.

もし，有意でなければ，回帰式に意味がなかったといえる．さらに，当てはまりの悪さについて検討し，もし，有意でなかった場合には，S_r+S_E とプーリングして，2.3節のように直線回帰に関する検定を実施する．

2.8 回帰の逆推定

2.5節では，指定した $x=x_0$ のときに，y_0 の母平均の推定値や，データの予測について述べている．一方で，$y=y_0$ が観測されたときに，x_0 の値を推定するという，2.5節とは逆方向の推定をしたいことがある．例えば，ある物質の濃度を x として，測定器にかけたときの読み取り値を y とする．まずは，x と y の関係を明らかにするために，濃度 x がわかっているサンプルをいくつか準備して，測定器で測定する．集まったデータをもとに，$y=a+bx$ の単回帰式を導く．この回帰式は，そのまま使うのではなく，濃度がわからない物質を測定したときに読み取り値 y が得られるので，そのときの x はいくつかを当てることで，ある物質の濃度の見当をつけるときに用いる．または，規格が設けられた特性値 y をある値にしたいときに，それをコントロールするための x の値をいくつにすればよいかを考えたいときなどがある．

これらを逆方向に推定する必要があることから，回帰の逆推定とよぶ．しかし，2.5節のように，各種の分布の姿を考えることで単純な計算によって求めることができない．

すぐに思いつく方法は，式(2.3)に対して，データから式(2.9)および式(2.10)を経て求められた回帰式
$$y=\hat{a}+\hat{b}x$$
について，
$$\hat{x}_0=\frac{y_0-\hat{a}}{\hat{b}}=\bar{x}+\frac{y_0-\bar{y}}{\hat{b}} \tag{2.38}$$
を考えることで推定する方法である．

こうして式(2.38)の方法で y から x を求めることができるように思われるが，2.5節の冒頭に示したように，以下の条件に従っている．

2.8 回帰の逆推定

- $\hat{b}$ は，平均が b で，分散が S_{xx} の正規分布に従う．
- $\hat{a}$ は，平均が a で，分散が $\left(\dfrac{1}{n}+\dfrac{\overline{x}^2}{S_{xx}}\right)\sigma^2$ の正規分布に従う．

そのため，$\hat{x}_0$ は，正規分布に従う値の比になるため，期待値は不定となり，点推定を行うことができない．とはいえ，点推定の値に興味があることも多いと考えられる．点推定を行う際には，式(2.37)の比が安定している必要があるため，$\hat{b}$ については，0 から離れており，その絶対値が大きければよい．したがって，b の絶対値が大きく，分散 S_{xx} は 0 に近い小さな値であるとよい．分子については，0 に近ければよいので，もととなっている y_0 の値が平均値の近くであればよい．このような条件のもとでは，点推定をしてもさほど大きな問題にはならないと思われる．そこで，まずは区間推定をすることを考える．

$x=x_0$ のときに，y_0 の予測値を考えると，

$$y_0 = \hat{a} + \hat{b}x_0$$

であり，**2.5節**で検討したように，以下が求められる．

$$t = \frac{y_0 - \hat{a} - \hat{b}x_0}{\sqrt{\left\{1 + \dfrac{1}{n} + \dfrac{(x_0 - \overline{x})^2}{S_{xx}}\right\} V_e}} \sim t(n-2)$$

これは，

$$\frac{|y_0 - \hat{a} - \hat{b}x_0|}{\sqrt{\left\{1 + \dfrac{1}{n} + \dfrac{(x_0 - \overline{x})^2}{S_{xx}}\right\} V_e}} \leq t(n-2,\ \alpha)$$

という不等式が，確率 $1-\alpha$ で成立することを指している．両辺を 2 乗して整理すると，

$$(y_0 - \hat{a} - \hat{b}x_0)^2 \leq \{t(n-2,\ \alpha)\}^2 \left\{1 + \dfrac{1}{n} + \dfrac{(x_0 - \overline{x})^2}{S_{xx}}\right\} V_e$$

と書ける．これは，整理すれば x の 2 次不等式を示していることがわかる．これを解くことができれば，x_0 の $100(1-\alpha)\%$ 信頼区間を求めることができる．

したがって，逆推定をする際には，V_e の値が小さいことと，回帰を求める

ことに意味がある．すなわち帰無仮説 $b=0$ の検定で有意になっていることが必要である．

一方，$y=a+bx$ という元々の式(2.3)を無視して，x を推定するために，
$$x=c+dy \tag{2.39}$$
という構造を考え，式(2.39)について最小2乗法により，
$$x=\hat{c}+\hat{d}y$$
を推定し，
$$x_0=\hat{c}+\hat{d}y_0$$
となるように推定すれば，y から x が逆推定できる．

2.9 変数変換

単回帰分析を実施する際には，等分散性，すなわち分散が等しいことが条件の1つとなっている．一方で，説明変数の値によって，分散が変化することはあり得る．例えば，説明変数の値が大きくなるにつれて，目的変数のばらつきが大きくなるような場合がある．このような場合，分散を安定させる目的で，y の値を変換することがある．これを変数変換とよび，適切な変換をほどこすことで，回帰式の説明能力を上げることができる．

どのような変換を実施すべきかは，y の傾向によって変化するため，データを用いて描いた散布図をもとに検討するか，固有技術的観点から分散がどのような傾向をもつのかを考えたうえで，変換の方法を選ぶとよい．例えば，目的変数 y がポアソン分布に従うと考えられる場合には，分散はその平均と一致することになる．すなわち，x の値によって分散が変化することになるので，等分散性が成り立っていない．このとき，$y'=\sqrt{y}$ という変換を実施すると，分散と平均との関連をなくすことができる．図 2.24 には，$y'=\sqrt{y}$ の変換前後の散布図を記載している．左では，x が小さいときには，回帰線の近傍に点が散らばっているが，x が大きくなるにつれて回帰線からの離れ具合が大きくなっているように見える．変換後は，その傾向が弱まっており，回帰線からの離れ具合は，x の値に依存しないように見える．

2.9 変数変換

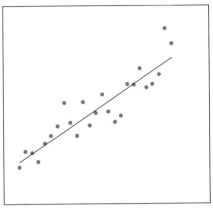
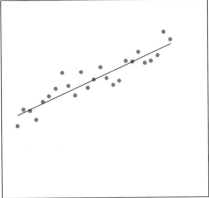

変換前の散布図 $y'=\sqrt{y}$ の変換後の散布図

図 2.24 変数変換前後の散布図の比較

表 2.13 さまざまな変数変換

分散 σ^2 と期待値 $E(Y)$ との関係	変換式
$\sigma^2=$ 一定	$y'=y$
$\sigma^2 \propto E(y)$　分散が期待値に比例する	$y'=\sqrt{y}$
$\sigma^2 \propto E(y)[1-E(y)]$	$y'=\sin^{-1}\sqrt{y}$
$\sigma^2 \propto [E(y)]^2$	$y'=\log(y)$
$\sigma^2 \propto [E(y)]^3$	$y'=\dfrac{1}{\sqrt{y}}$
$\sigma^2 \propto [E(y)]^4$	$y'=\dfrac{1}{y}$

ほかにも，y が割合を示すような値で 0 から 1 の値のみをとる場合には，$y'=\sin^{-1}(\sqrt{y})$ という変換を行うことによって，分散を安定化することができる．その他の変換も含めて，表 2.13 に整理した．

さまざまな変数変換のなかから適切な変換方法を選択すればよいが，解釈が困難になるほどに試行錯誤してさまざまな変換をするのは，回帰分析の目的に

照らし合わせると，後の利用が困難になると思われるので，望ましくない．

2.10 解析事例

これまでの分析の流れを，別の事例を用いて振り返る．

ある工程での収量をコントロールするため，添加剤の添加量との関係を検討

表 2.14 添加剤の添加量と収量に関するデータ

No.	添加量 x	収量 y
1	5.0	15.5
2	1.0	0.3
3	6.0	16.6
4	7.0	12.5
5	4.0	15.6
6	5.0	16.9
7	4.0	14.4
8	4.0	13.5
9	2.0	7.4
10	6.0	18.2
11	5.0	13.3
12	7.0	18.5
13	6.0	14.5
14	6.0	17.6
15	4.0	20.2
16	7.0	18.0
17	2.0	4.5
18	1.0	1.8
19	2.0	13.9
20	1.0	1.5

2.10 解析事例   87

することになった．前掲の表2.14の20組のデータを得たとする．
このとき，以下の小問について解答せよ．

小問1 データをグラフ化し，得られる情報をまとめよ．

小問2 通常の単回帰分析として解析する場合を考える．このとき，相関係数，回帰式，残差の分散を求めよ．また，残差の検討を行え．残差の検討では，規準化残差のヒストグラム，残差の時系列プロットおよび説明変数と規準化残差の散布図を作成し考察せよ．

小問3 添加量が4.5のときの収量の母回帰式の95%信頼区間を求めよ．さらに，収量の生データの予測をせよ．

小問4 収量が15.0となるようなxを逆推定せよ．

小問5 添加量を因子とする一元配置法として解析する場合を考える．このとき，分散分析表を作成せよ．

小問6 繰返しのある場合の単回帰分析として解析する．「当てはまりの悪さ」を考慮した分散分析表を作成せよ．「当てはまりの悪さ」が無視できるか解答せよ．

小問7 「当てはまりの悪さ」を誤差項へプールして解析することとする．この場合の分散分析表を作成せよ．また，このとき得られる回帰直線と（小問1）の回帰直線との関係を説明せよ．

小問8 この直線は原点を通るといえるか検定せよ．また，添加量が0の場合の母回帰の推定を行え．

【小問1の解答例】

データのグラフ化（1.2節参照）

データ数は20と限られているが，図2.25のように散布図を描く．

① 全体的な値の傾向は，添加剤の添加量が1から4まで増えると，収量が増えていることがわかる．一方で，4～8までについては横ばいに見える．よくわからないので，まずは単回帰による分析を実施する．

② 外れ値の有無については，No.15の点$(x, y) = (4.0, 20.2)$が，他の点か

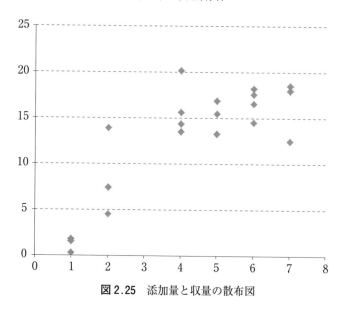

図 2.25 添加量と収量の散布図

らは離れているように見えるが,No.19 の点 $(x, y)=(2.0, 13.9)$ も考慮すると飛び離れているとはいえない.また,データの背景となる情報も得られていないので,除去せずこのまま解析する.

③ 層別の必要性の検討については,よくわからない.

④ 調査範囲との関係については,全体的な値の傾向についても述べたが,x の範囲によって,収量との関係が変わっているようにも見える.

【小問 2 の解答例】

相関係数の計算(1.3 節参照)

下記の**表 2.15** に示す計算補助表にもとづき,以下のように求められる.

$$S_{xx} = \sum_{i=1}^{n} x_i^2 - \frac{(\sum_{i=1}^{n} x_i)^2}{n} = 445 - \frac{85.0^2}{20} = 83.75$$

$$S_{yy} = \sum_{i=1}^{n} y_i^2 - \frac{(\sum_{i=1}^{n} y_i)^2}{n} = 3966.87 - \frac{254.7^2}{20} = 723.2655$$

2.10 解析事例

表 2.15 計算補助表

No.	添加量 x	収量 y	x^2	y^2	xy
1	5.0	15.5	25	240.25	77.5
2	1.0	0.3	1	0.09	0.3
3	6.0	16.6	36	275.56	99.6
4	7.0	12.5	49	156.25	87.5
5	4.0	15.6	16	243.36	62.4
6	5.0	16.9	25	285.61	84.5
7	4.0	14.4	16	207.36	57.6
8	4.0	13.5	16	182.25	54.0
9	2.0	7.4	4	54.76	14.8
10	6.0	18.2	36	331.24	109.2
11	5.0	13.3	25	176.89	66.5
12	7.0	18.5	49	342.25	129.5
13	6.0	14.5	36	210.25	87.0
14	6.0	17.6	36	309.76	105.6
15	4.0	20.2	16	408.04	80.8
16	7.0	18.0	49	324.00	126.0
17	2.0	4.5	4	20.25	9.0
18	1.0	1.8	1	3.24	1.8
19	2.0	13.9	4	193.21	27.8
20	1.0	1.5	1	2.25	1.5
合計	85.0	254.7	445.0	3966.87	1282.9

$$S_{xy} = \sum_{i=1}^{n} x_i y_i - \frac{(\sum_{i=1}^{n} x_i)(\sum_{i=1}^{n} y_i)}{n} = 1282.9 - \frac{85.0 \times 254.7}{20} = 200.425$$

$$r = \frac{S_{xy}}{\sqrt{S_{xx} S_{yy}}} = \frac{200.425}{\sqrt{83.75 \times 723.2655}} = 0.814$$

相関係数は 0.814 となり，強い相関がありそうである．

単回帰式の算出（2.1 節参照）

$$\hat{b} = \frac{S_{xy}}{S_{xx}} = \frac{200.425}{83.75} = 2.393$$

$$\hat{a} = \bar{y} - \frac{S_{xy}}{S_{xx}}\bar{x} = \frac{254.7}{20} - \frac{200.425}{83.75} \times \frac{85}{20} = 2.564$$

以上より，求める回帰式は，以下のとおりである．

$$y = 2.564 + 2.393x$$

残差の算出（2.4 節参照）

残差は，

$$e_i = y_i - \hat{y}_i = y_i - \hat{a} - \hat{b}x_i$$

として求められる．よって，No.1 の残差は，以下のとおりである．

$$e_1 = 15.5 - 2.564 - 2.393 \times 5.0 = 0.970$$

すべての残差を計算したうえで，

$$S_e = 243.622$$

$$V_e = \frac{S_e}{n-2} = \frac{243.622}{18} = 13.534$$

$$e'_i = \frac{e_i}{\sqrt{V_e}} = \frac{e_i}{3.679}$$

であるから，No.1 の残差を規準化すると，

$$e'_1 = \frac{e_1}{\sqrt{V_e}} = \frac{0.970}{3.679} = 0.264$$

となる．これらの結果を表 2.16 にまとめた．

規準化残差のヒストグラム（2.4 節参照）

規準化残差のヒストグラムを，図 2.26 に示す．

2.10 解析事例

表2.16 残差と規準化残差

No.	収量 y	$\hat{y}$	残差	規準化残差
1	15.5	14.530	0.970	0.264
2	0.3	4.957	−4.657	−1.266
3	16.6	16.923	−0.323	−0.088
4	12.5	19.316	−6.816	−1.853
5	15.6	12.137	3.463	0.941
6	16.9	14.530	2.370	0.644
7	14.4	12.137	2.263	0.615
8	13.5	12.137	1.363	0.371
9	7.4	7.350	0.050	0.013
10	18.2	16.923	1.277	0.347
11	13.3	14.530	−1.230	−0.334
12	18.5	19.316	−0.816	−0.222
13	14.5	16.923	−2.423	−0.659
14	17.6	16.923	0.677	0.184
15	20.2	12.137	8.063	2.192
16	18.0	19.316	−1.316	−0.358
17	4.5	7.350	−2.850	−0.775
18	1.8	4.957	−3.157	−0.858
19	13.9	7.350	6.550	1.780
20	1.5	4.957	−3.457	−0.940

データ数が20と限られているため，正規分布といえるかどうかはよくわからない．3σを超える点はなく，外れ値があるともいえない．

残差の時系列プロット(2.4節参照)

残差の時系列プロットは，図2.27のようになる．

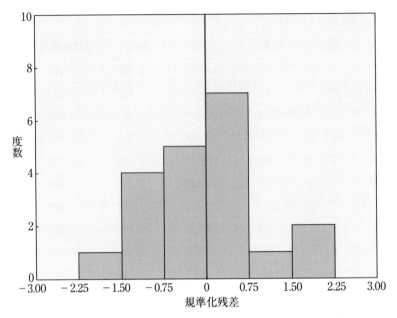

図 2.26 規準化残差のヒストグラム

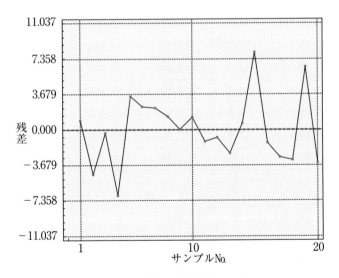

図 2.27 残差の時系列プロット

残差の時系列プロットからは,
- 上昇傾向や下降傾向がないかどうか
- 外れ値の出方にパターンが見られるか

の2点で気になるところがある. No.5〜No.13 まで下降傾向にあるようにみえる. No.15 と No.19 が正の値をもち, 前半に負の値をもつものが多い.

ダービン・ワトソン比は,

$$DW = \frac{1}{S_e} \sum_{i=1}^{n-1} (e_{i+1} - e_i)^2 = \frac{561.517}{243.622} = 2.305$$

であり, 前後の残差には相関がなさそうである.

説明変数と規準化残差の散布図(2.4 節参照)

説明変数と規準化残差の散布図を以下の**図 2.28** に示す. 図からは, 上に凸

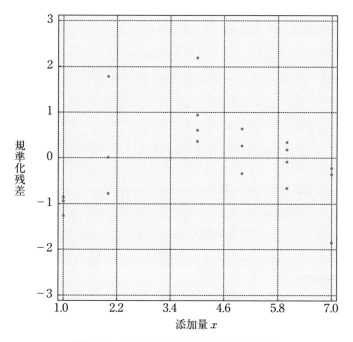

図 2.28 説明変数と規準化残差の散布図

の2次関数の曲線になっているようにみえる．また，等分散性も成り立っているように見える．

以上の分析より，求めた単回帰式をそのまま使うのは難しそうである．

【小問3の解答例】

x_0 が与えられたときの母回帰の区間推定（2.5節参照）

$x_0 = 4.5$ のとき，$y = 2.564 + 2.393x$ より，以下のように求められる．

$$\hat{\mu}_0 \pm t(n-2, \alpha)\sqrt{\left\{\frac{1}{n} + \frac{(x_0 - \bar{x})^2}{S_{xx}}\right\}V_e}$$

$$= 13.333 \pm t(18, 0.05)\sqrt{\left(\frac{1}{20} + \frac{(4.50 - 4.25)^2}{83.75}\right) \times 13.534}$$

$$= 13.333 \pm 2.101 \times 0.829$$

$$= 12.592,\ 15.074$$

母回帰の範囲は，12.592〜15.074 となった．

データの予測は，以下のように求められる．

$$(\hat{a} + \hat{b}x_0) \pm t(n-2, \alpha)\sqrt{\left\{1 + \frac{1}{n} + \frac{(x_0 - \bar{x})^2}{S_{xx}}\right\}V_e}$$

$$= 2.564 + 2.393 \times 4.5 \pm t(18, 0.05)\sqrt{\left(1 + \frac{1}{20} + \frac{(4.50 - 4.25)^2}{83.75}\right) \times 13.534}$$

$$= 13.333 \pm 2.101 \times 3.771$$

$$= 5.410,\ 21.256$$

したがって，データの95%予測区間は，5.410〜21.256 である．

【小問4の解答例】

回帰の逆推定

$y_0 = 15.0$ のときの x を求める．

2.10 解析事例

$$(y_0 - \hat{a} - \hat{b}x_0)^2 \leq \{t(n-2, \alpha)\}^2 \left\{1 + \frac{1}{n} + \frac{(x_0 - \bar{x})^2}{S_{xx}}\right\} V_e$$

$$y = 2.564 + 2.393x$$

$$(15.0 - 2.564 - 2.393x_0)^2 \leq \{t(18, 0.05)\}^2 \left(\frac{21}{20} + \frac{(x_0 - 4.25)^2}{83.75}\right) \times 13.534$$

$$(12.436 - 2.393x_0)^2 \leq 2.101^2 \times 13.534 \times \left(1.05 + \frac{x_0^2 - 8.5x_0 + 4.25^2}{83.75}\right)$$

$$154.654 - 59.519x_0 + 5.726x_0^2 \leq 62.729 + 0.713x_0^2 - 6.063x_0 + 12.885$$

$$5.013x_0^2 - 53.456x_0 + 75.614 \leq 0$$

2次方程式の解の公式

$$x = \frac{-b \pm \sqrt{b^2 - 4ac}}{2a}$$

に代入すると,

$$x = \frac{53.456 \pm \sqrt{53.456^2 - 4 \times 5.013 \times 75.614}}{2 \times 5.013} = 1.678,\ 8.985$$

$y_0 = 15.0$ のときの x は, $1.678 \sim 8.985$ と推定できる.

【小問5の解答例】
一元配置法による解析

　本書で扱う範囲ではないので一元配置に詳しくない読者は読み飛ばしてもよいが, 初めて一元配置に触れる読者を想定して記述する. 添加量を因子として, 繰返しの実験を行ったデータとして解析することができる. 詳細は, 本シリーズ第2巻の『実験計画法』(安井清一, 日科技連出版社) の第2章を参照してほしい. 実験順序は, ランダムに実施しているとみてよさそうである. 添加剤を因子として, それぞれの水準のデータが得られていると捉えると, 表2.17のようなデータの形式となる.

　このとき, データの構造式は, 以下のとおりである.

$$x_{ij} = \mu + a_i + \varepsilon_{ij}$$

表2.17 対象となるデータ

添加量 x	収量 y			
1.0	0.3	1.8	1.5	
2.0	7.4	4.5	13.9	
4.0	15.6	14.4	13.5	20.2
5.0	15.5	16.9	13.3	
6.0	16.6	18.2	14.5	17.6
7.0	12.5	18.5	18	

$\sum_{i=1}^{n} a_i = 0$, $\varepsilon_{ij} \sim N(0, \sigma^2)$

すなわち，データ x_{ij}（収量 y のことであることに注意する）を説明するには，全体の母平均 μ に対して因子の各水準の効果 a_i と誤差 ε_{ij} を考慮している．効果は，すべての水準の効果の和が0になるように定めるので，制約式と捉えることができる．誤差については，正規分布を仮定する．

データのグラフ化

図2.29より，異常値は特に見られない．添加量は効果がありそうである．

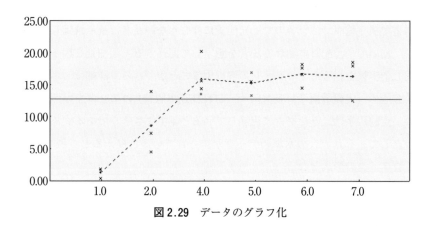

図2.29 データのグラフ化

とくに，添加量1.0，2.0は他の添加量と異なりそうである．

平方和の計算

総合計を T，水準数を a，第 i 水準におけるデータ数を r_i，総データ数を n とすると，以下のように求められる．

$$CT = \frac{T^2}{n} = \frac{254.7^2}{20} = 3243.605$$

$$S_T = \sum_{i=1}^{a} \sum_{j=1}^{r_i} x_{ij}^2 - CT = 3966.87 - 3243.605 = 723.265$$

$$S_A = \sum_{i=1}^{a} \frac{T_{i\cdot}^2}{r_i} - CT$$

$$= \frac{(0.3+1.8+1.5)^2}{3} + \frac{25.8^2}{3} + \frac{63.7^2}{4} + \cdots + \frac{49^2}{3} - 3243.605$$

$$= 3856.022 - 3243.605 = 612.417$$

$$S_E = S_T - S_A = 723.265 - 612.417 = 110.848$$

自由度の計算

$$\phi_T = n - 1 = 20 - 1 = 19$$

$$\phi_A = a - 1 = 6 - 1 = 5$$

$$\phi_R = \phi_T - \phi_A = 19 - 5 = 14$$

以上をまとめて，表2.18 の分散分析表を作成すると，$F_0 = 15.469 > F(5, 8 ; 0.01) = 4.69$ となり，有意である．したがって，添加量の違いにより収量には差があるといえる．

表2.18 分散分析表

要因	S	ϕ	V	F_0
A	612.417	5	122.483	15.469**
E	110.848	14	7.918	
合計	723.265	19		

【小問 6 の解答例】

繰返しのある場合の単回帰

$$CT = \frac{T^2}{n} = \frac{254.7^2}{20} = 3243.605$$

$S_T = 723.265$

$S_A = 612.417$

$S_E = 110.848$

$$S_R = \frac{S_{xy}^2}{S_{xx}} = \frac{200.425^2}{83.75} = 479.644$$

$S_r = S_A - S_R = 612.417 - 479.644 = 132.773$

以上より表 2.19 の分散分析表が得られ，当てはまりの悪さが有意になった．

表 2.19　分散分析表

要因	S	ϕ	V	F_0
回帰	479.644	1	479.644	
当てはまりの悪さ	132.773	4	33.193	4.19*
級間	612.417	5	122.483	15.47**
級内	110.848	14	7.918	
合計	723.265	19	38.067	

$F(4, 14 ; 0.05) = 3.11$, $F(4, 14 ; 0.01) = 5.04$
$F(5, 14 ; 0.05) = 2.96$, $F(5, 14 ; 0.01) = 4.69$

したがって，繰返しを含んだ単回帰分析をしたところ，単回帰式では当てはまりがよくないことがわかった．2次以上の項などを入れることを示唆しているので，ここまでの分析手法だけでは不十分であり，第 3 章の重回帰分析の適用を考慮する．

【小問7の解答例】
当てはまりの悪さをプーリングしたときの分散分析

小問6に解答したことで，当てはまりの悪さが有意になったのでプーリングをすべきではないが，ここでは問題の指示に従ってプーリングする．

$$S_e = S_E + S_r = 132.773 + 110.848 = 243.622$$

となり，小問2で求めた値と一致する．

$$\phi_e = \phi_E + \phi_r = 14 + 4 = 18$$

であり，結果を表2.20に示す．これは通常の単回帰に関する分散分析表と一致する．

表2.20 プーリングした場合の分散分析表

要因	S	ϕ	V	F_0
回帰	479.644	1	479.644	35.439**
残差	243.622	18	13.535	
合計	723.265	19		

$F(1, 18; 0.05) = 4.41, \ F(1, 18; 0.01) = 8.29$

【小問8の解答例】
原点を通るといえるかどうかの検定

$a = 0$ かどうかの検定を考える．

帰無仮説　$H_0 : a = 0$

対立仮説　$H_1 : a \neq 0$

検定統計量は，以下のとおりである．

$$t_0 = \frac{\hat{a} - a_0}{\sqrt{\left(\frac{1}{n} + \frac{\bar{x}^2}{S_{xx}}\right) V_e}} = \frac{2.564 - 0}{\sqrt{\left(\frac{1}{20} + \frac{4.25^2}{83.75}\right) \times 13.534}} = 1.352$$

両側検定であるので，以下のようになる．

$$|t_0| = 1.352 < t(n-2, \alpha) = t(18, 0.05) = 2.101$$

したがって，a が 0 と異なるとはいえない．すなわち，回帰式は原点を通らないとはいえない．

$x_0=0$ のとき，以下のようになる．

$$\hat{\mu}_0 \pm t(n-2,\ \alpha)\sqrt{\left\{\frac{1}{n}+\frac{(x_0-\overline{x})^2}{S_{xx}}\right\}V_e}$$

$$=2.564 \pm t(18,\ 0.05)\sqrt{\left(\frac{1}{20}+\frac{4.25^2}{83.75}\right)\times 13.534}$$

$$=2.564 \pm 2.101 \times 1.896$$

$$=-1.420,\ 6.548$$

第 3 章
重回帰分析

3.1 重回帰分析とは

　第2章における単回帰分析は，目的変数 y に対して，説明変数 x を1つ取り上げ，両者の関係を明らかにしている．本章では，説明変数を2つ以上取り上げて関係を明らかにする手法である重回帰分析について述べる．目的変数として収量を取り上げ，説明変数として温度と濃度を取り上げて，その関係を調べる．温度や濃度の変化に応じて収量の値がどのように変化するのかという関係を明らかにすることで，収量がどのような値になるのか予測でき，望ましい収量にするために温度や濃度をどのように設定すべきかわかるようになる．

　すなわち，重回帰分析とは，

$$y = a + b_1 x_1 + b_2 x_2 + \cdots + b_p x_p + \varepsilon \tag{3.1}$$

という構造式について，$a, b_1, b_2, \cdots, b_p$ の値を決めることである．単回帰分析における式(2.2)と同様に，式(3.1)において y は目的変数，$x_1, x_2, \cdots, x_p$ は説明変数とよぶ．

　単回帰分析で用いていた呼び方と少し異なり，a は定数項とよばれ，$b_1, b_2, \cdots, b_p$ は偏回帰係数とよぶ．この関係式を求め，目的変数 y の値がどのようになるのかを計算したり，それぞれの説明変数の影響の大きさを分析したりする．

　重回帰分析は，説明変数に偏回帰係数の値を掛けたものの和という形で表現されているが，例えば，

$$y = a + b_1 x_1 + b_2 x_1^2 + \varepsilon$$

という関数も表現できる($x_2 = x_1^2$ として説明変数をつくっていると考えればよい). 三角関数や指数関数なども使って複雑な関係を表すことができる. これは, 分散の安定化を目的として 2.8 節で述べた変数変換をして, 説明変数を複数準備しているものと同様であると考えてよい.

単回帰分析と同様に, 誤差 ε には以下の仮定を置いている.

① 期待値が 0 (不偏性ともいう)　$E(\varepsilon) = 0$ となる.
② 等分散性　分散が一定で, $V(\varepsilon) = \sigma^2$ となる.
③ 独立性　互いに独立である.
④ 正規性　正規分布に従う.

表 3.1　データ

No.	収量 y	温度 x_1	濃度 x_2	No.	収量 y	温度 x_1	濃度 x_2
1	123.4	69.8	59.8	16	101.9	58.0	50.3
2	125.6	68.9	59.8	17	100.4	69.2	50.6
3	106.5	63.7	54.3	18	138.6	80.4	64.2
4	105.3	65.5	54.0	19	94.8	64.2	57.7
5	128.7	73.0	61.9	20	124.5	87.8	53.2
6	122.8	79.6	68.2	21	123.8	73.5	52.6
7	108.3	63.5	53.0	22	103.2	55.6	60.9
8	138.2	78.3	63.7	23	122.7	64.1	59.6
9	87.7	59.0	49.5	24	96.2	42.5	50.8
10	109.1	56.6	49.6	25	116.3	77.6	57.0
11	139.3	83.0	70.5	26	111.1	72.1	49.6
12	131.2	81.8	65.9	27	103.1	53.4	57.4
13	99.5	61.3	50.8	28	112.8	66.1	49.3
14	115.1	79.4	66.1	29	85.8	47.8	69.1
15	124.2	78.0	64.1	30	124.6	74.7	51.5

3.1 重回帰分析とは

ここでは，データをもとにして解析の事例を述べ，その後，それぞれの解析で何を実施しているのかを説明する．ある工程の収量を目的変数として，温度と濃度を説明変数として取り上げたときの回帰式を求める．データは前掲の表3.1に示す．この表のデータをもとに，重回帰分析を用いて解析する．

このデータでは，$n=30$ であり，説明変数の数を2つとして，

$$y_i = a + b_1 x_{i1} + b_2 x_{i2} + \varepsilon_i$$

という構造式を仮定して，それぞれの値を求めることで関係式を求める．

重回帰分析を実施する前に，それぞれの基本的な統計量の値は以下の表3.2のようになる．また，相関係数は表3.3のようになる．

表3.2 各変数の基本統計量

変数名	データ数	合計	最小	最大	平均	標準偏差
収量 y	30	3445.4	70.7	139.3	114.85	15.66
温度 x_1	30	2048.4	42.5	87.8	68.28	10.99
濃度 x_2	30	1725.0	49.3	70.5	57.50	6.70

表3.3 各変数の相関係数

変数	収量 y	温度 x_1	濃度 x_2
収量 y	1	0.811	0.551
温度 x_1	0.811	1	0.375
濃度 x_2	0.551	0.375	1

温度 x_1 と濃度 x_2 の散布図，温度 x_1 と収量 y の散布図，濃度 x_2 と収量 y の散布図をそれぞれ図3.1，図3.2，図3.3に示す．

重回帰式を求めると，以下のようになる（**3.2節参照**）．

$$y = 7.875 + 1.001 x_1 + 0.671 x_2$$

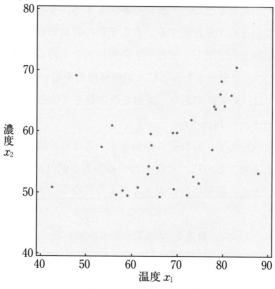

図 3.1 温度 x_1 と濃度 x_2 の散布図

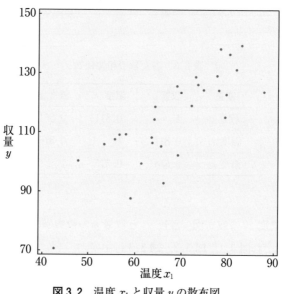

図 3.2 温度 x_1 と収量 y の散布図

3.1 重回帰分析とは

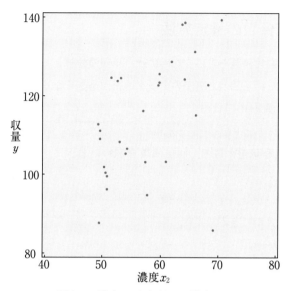

図 3.3 濃度 x_2 と収量 y の散布図

回帰式に意味があったかどうかを検討するために,分散分析を実施すると,表 3.4 が得られた.

表 3.4 分散分析表

要因	S	ϕ	V	F_0
回帰	5175.730	2	2587.865	36.166**
残差	1932.005	27	71.556	
合計	7107.735	29		

有意になったので,回帰には意味があったといえる(3.3 節参照).このとき,誤差分散は,71.55 となり,寄与率は $R^2 = 0.728$ であった.

3.2 回帰係数の推定方法

重回帰式の回帰係数を求めるためには，単回帰分析と同様に構造式を設定して，目的変数 y の予測値と実際のデータの差が小さくなるようにすればよい．すなわち，式(3.1)の

$$y = a + b_1 x_1 + b_2 x_2 + \cdots + b_p x_p + \varepsilon$$

という構造式を想定すると，回帰係数を定めたときに，i 番目の目的変数 y_i は，

$$\hat{y}_i = \hat{a} + \hat{b}_1 x_{i1} + \hat{b}_2 x_{i2} + \cdots + \hat{b}_p x_{ip} \tag{3.2}$$

と推定することができる．また，残差は，

$$e_i = y_i - \hat{y}_i \tag{3.3}$$

と求めることができる．

式(3.3)でそれぞれの残差を求め，その全体が小さいほうがよい回帰係数であるという評価基準を設けるとすると，残差の和は0になってしまうので，残差の2乗の合計(残差平方和)を最小化することを考える．

残差平方和 S_e は，それぞれの2乗の合計であり，データの組合せが n 組あるので，

$$S_e = \sum_i^n (y_i - \hat{a} - \hat{b}_1 x_{i1} - \hat{b}_2 x_{i2} - \cdots - \hat{b}_p x_{ip})^2 \tag{3.4}$$

と書ける．式(3.4)で求められる残差平方和 S_e を最小にする $\hat{a}, \hat{b}_1, \hat{b}_2, \cdots, \hat{b}_n$ を求めるためには，残差平方和 S_e を $\hat{a}, \hat{b}_1, \hat{b}_2, \cdots, \hat{b}_n$ の関数として，$\hat{a}, \hat{b}_1, \hat{b}_2, \cdots, \hat{b}_n$ それぞれで偏微分する．偏微分して得られたそれぞれの式を0としたときの方程式の解が $\hat{a}, \hat{b}_1, \hat{b}_2, \cdots, \hat{b}_n$ の値となる．偏微分した値を0とすると，以下の式が得られる．

$$\frac{\partial S_e}{\partial \hat{a}} = 2 \sum_i^n (y_i - \hat{a} - \hat{b}_1 x_{i1} - \hat{b}_2 x_{i2} - \cdots - \hat{b}_p x_{ip})(-1) = 0$$

$$\frac{\partial S_e}{\partial \hat{b}_1} = 2 \sum_i^n (y_i - \hat{a} - \hat{b}_1 x_{i1} - \hat{b}_2 x_{i2} - \cdots - \hat{b}_p x_{ip})(-x_{i1}) = 0$$

3.2 回帰係数の推定方法

$$\frac{\partial S_e}{\partial \hat{b}_2} = 2\sum_i^n (y_i - \hat{a} - \hat{b}_1 x_{i1} - \hat{b}_2 x_{i2} - \cdots - \hat{b}_p x_{ip})(-x_{i2}) = 0$$

$$\vdots$$

$$\frac{\partial S_e}{\partial \hat{b}_p} = 2\sum_i^n (y_i - \hat{a} - \hat{b}_1 x_{i1} - \hat{b}_2 x_{i2} - \cdots - \hat{b}_p x_{ip})(-x_{ip}) = 0$$

これらを整理すると，まず第 1 式は，以下のように整理できる．

$$2\sum_i^n (y_i - \hat{a} - \hat{b}_1 x_{i1} - \hat{b}_2 x_{i2} - \cdots - \hat{b}_n x_{in})(-1) = 0$$

$$-2\sum_i^n y_i + 2\hat{a}\sum_i^n (1) + 2\hat{b}_1 \sum_i^n x_{i1} + 2\hat{b}_2 \sum_i^n x_{i2} + \cdots + 2\hat{b}_n \sum_i^n x_{in} = 0$$

$$\hat{a}\sum_i^n (1) + \hat{b}_1 \sum_i^n x_{i1} + \hat{b}_2 \sum_i^n x_{i2} + \cdots + \hat{b}_n \sum_i^n x_{in} = \sum_i^n y_i$$

第 2 式は，

$$2\sum_i^n (y_i - \hat{a} - \hat{b}_1 x_{i1} - \hat{b}_2 x_{i2} - \cdots - \hat{b}_p x_{ip})(-x_{i1}) = 0$$

$$-2\sum_i^n x_{i1} y_i + 2\hat{a}\sum_i^n x_{i1} + 2\hat{b}_1 \sum_i^n x_{i1}^2 + 2\hat{b}_2 \sum_i^n x_{i1} x_{i2} + \cdots + 2\hat{b}_p \sum_i^n x_{i1} x_{ip} = 0$$

$$\hat{a}\sum_i^n x_{i1} + \hat{b}_1 \sum_i^n x_{i1}^2 + \hat{b}_2 \sum_i^n x_{i1} x_{i2} + \cdots + \hat{b}_p \sum_i^n x_{i1} x_{ip} = \sum_i^n x_{i1} y_i$$

となる．それ以降の式は，全体にかかるものが x_{i1} の代わりにそれぞれ $x_{i2}, \cdots, x_{ip}$ となると読み替えればよい．例えば，x_{ip} についての偏微分の式では，全体にかかるのが x_{i1} ではなく x_{ip} となるので，

$$\hat{a}\sum_i^n x_{ip} + \hat{b}_1 \sum_i^n x_{i1} x_{ip} + \hat{b}_2 \sum_i^n x_{i1} x_{ip} + \cdots + \hat{b}_n \sum_i^n x_{ip}^2 = \sum_i^n x_{ip} y_i$$

となる (2 項目の $\hat{b}_1 \sum_i^n x_{i1} x_{ip}$ は $\hat{b}_1 \sum_i^n x_{ip}^2$ ではないことに注意)．したがって，

$$\hat{a}\sum_i^n (1) + \hat{b}_1 \sum_i^n x_{i1} + \hat{b}_2 \sum_i^n x_{i2} + \cdots + \hat{b}_n \sum_i^n x_{ip} = \sum_i^n y_i$$

$$\hat{a}\sum_i^n x_{i1} + \hat{b}_1 \sum_i^n x_{i1}^2 + \hat{b}_2 \sum_i^n x_{i1} x_{i2} + \cdots + \hat{b}_n \sum_i^n x_{i1} x_{ip} = \sum_i^n x_{i1} y_i$$

$$\vdots$$

$$\hat{a}\sum_i^n x_{ip} + \hat{b}_1 \sum_i^n x_{i1} x_{ip} + \hat{b}_2 \sum_i^n x_{i1} x_{ip} + \cdots + \hat{b}_n \sum_i^n x_{ip}^2 = \sum_i^n x_{ip} y_i$$

と整理できる．この連立方程式を正規方程式という．

これを解くには，正規方程式の第1式を n で割ると，
$$\hat{a}+\hat{b}_1\bar{x}_1+\hat{b}_2\bar{x}_2+\cdots+\hat{b}_n\bar{x}_n=\bar{y}$$
となるから $(\sum_i^n(1)=n,\ \frac{1}{n}\sum_i^n x_{i1}=\bar{x}_1,\ \frac{1}{n}\sum_i^n y_i=\bar{y}$ である)，
$$\hat{a}=\bar{y}-(\hat{b}_1\bar{x}_1+\hat{b}_2\bar{x}_2+\cdots+\hat{b}_n\bar{x}_n) \tag{3.5}$$
となる．得られた結果を正規方程式の第2式に代入すると，以下のようになる．

$$\{\bar{y}-(\hat{b}_1\bar{x}_1+\hat{b}_2\bar{x}_2+\cdots+\hat{b}_n\bar{x}_n)\}\sum_i^n x_{i1}+\hat{b}_1\sum_i^n x_{i1}^2+\hat{b}_2\sum_i^n x_{i1}x_{i2}+$$
$$\cdots+\hat{b}_n\sum_i^n x_{i1}x_{ip}$$
$$=\sum_i^n x_{i1}y_i$$

左辺の第1項を展開すると，
$$\bar{y}\sum_i^n x_{i1}+\hat{b}_1\{\sum_i^n x_{i1}^2-\bar{x}_1\sum_i^n x_{i1}\}+\hat{b}_2\{\sum_i^n x_{i1}x_{i2}-\bar{x}_2\sum_i^n x_{i1}\}+$$
$$\cdots+\hat{b}_n\{\sum_i^n x_{i1}x_{ip}-\bar{x}_p\sum_i^n x_{i1}\}$$
$$=\sum_i^n x_{i1}y_i$$

となるので，左辺の第1項を移項すれば，
$$\hat{b}_1\{\sum_i^n x_{i1}^2-\bar{x}_1\sum_i^n x_{i1}\}+\hat{b}_2\{\sum_i^n x_{i1}x_{i2}-\bar{x}_2\sum_i^n x_{i1}\}+$$
$$\cdots+\hat{b}_n\{\sum_i^n x_{i1}x_{ip}-\bar{x}_p\sum_i^n x_{i1}\}$$
$$=\sum_i^n x_{i1}y_i-\bar{y}\sum_i^n x_{i1}$$

が得られる．同様にして，$x_{i2},\cdots,x_{ip}$ に関する式を展開することができる．

ここで，
$$\bar{x}_1=\frac{1}{n}\sum_i^n x_{i1}$$
$$\bar{x}_p=\frac{1}{n}\sum_i^n x_{ip}$$
$$\bar{y}=\frac{1}{n}\sum_i^n y_i$$

を活用して整理すると，

$$\hat{b}_1 S_{11} + \hat{b}_2 S_{12} + \cdots + \hat{b}_p S_{1p} = S_{1y}$$
$$\hat{b}_1 S_{21} + \hat{b}_2 S_{22} + \cdots + \hat{b}_p S_{2p} = S_{2y}$$
$$\hat{b}_1 S_{p1} + \hat{b}_2 S_{p2} + \cdots + \hat{b}_p S_{pp} = S_{py}$$

と整理できる．このとき，S_{jk}, S_{jy} はそれぞれ以下のようになる．

$$S_{jk} = \sum_{i}^{n} (x_{ij} - \bar{x}_j)(x_{ik} - \bar{x}_k)$$

$$S_{jy} = \sum_{i}^{n} (x_{ij} - \bar{x}_j)(y_i - \bar{y})$$

この結果を解くには，行列による表現をしたうえで，逆行列を求めるとよい．

3.3 回帰式の解釈

単回帰分析と同様に，まず，得られた回帰式で目的変数 y の変動のどの程度が説明できるかを検討する．すなわち，y の変動を分解して，x によって説明できる部分とそれ以外の部分の大きさを比較する．

まず，残差は以下の式で与えられる．

$$e_i = y_i - \hat{y}_i$$
$$= y_i - \hat{a} - \hat{b}_1 x_{i1} - \hat{b}_2 x_{i2} - \cdots - \hat{b}_p x_{ip}$$
$$= (y_i - \bar{y}) - \hat{b}_1(x_{i1} - \bar{x}_1) - \hat{b}_2(x_{i2} - \bar{x}_2) - \cdots - \hat{b}_p(x_{ip} - \bar{x}_p)$$

ここから，残差の合計は0となることがわかる．なぜなら，$\hat{b}_1$ については，

$$\sum_{i}^{n} (x_{i1} - \bar{x}_1) = \sum_{i}^{n} x_{i1} - n\bar{x}_1 = 0$$

$$\bar{x}_1 = \frac{1}{n} \sum_{i}^{n} x_{i1}$$

であり，それぞれの項で同様に0となるためである．

また，残差の性質を詳しく検討してみると，以下のようになる．

$$\sum_{i}^{n} (x_{ij} - \bar{x}_j) e_i = 0$$

この式が意味するところは，説明変数と残差が無相関となっているということである．さらに，

$$\sum_{i}^{n} (\hat{y}_i - \bar{y}) e_i = 0$$

ともいえ，目的変数についての回帰式を用いた予測値についても，残差と無相

関になっていることがわかる.

これらの性質を利用すると, y の変動の分解は以下のように実施できる.

$$\sum_{i}^{n}(y_i-\bar{y})^2 = \sum_{i}^{n}(y_i-\hat{y}_i+\hat{y}_i-\bar{y})^2$$

$$= \sum_{i}^{n}\{e_i+(\hat{y}_i-\bar{y})\}^2$$

$$= \sum_{i}^{n}e_i^2 + \sum_{i}^{n}(\hat{y}_i-\bar{y})^2$$

この式の第1項目は, x によって説明できない部分を表しており, 残差平方和 S_e とよばれる. 第2項目は回帰式による予測値に関する平方和を表しており, 回帰平方和 S_R とよばれ, 説明変数によって説明できる部分を示している. したがって, 目的変数の偏差平方和 S_T は, 以下のように書ける.

$$S_T = S_R + S_e$$

データに回帰式を当てはめたことに意味があったかどうかを検討するためには, 回帰平方和が残差平方和に対して十分大きいかどうかによって判断できると考えれば, 分散分析によってこれを統計的に判断できる.

それぞれの平方和に対する自由度は,

$$\phi_T = n-1$$

$$\phi_R = p$$

$$\phi_e = \phi_T - \phi_R = n-p-1$$

となるので, 得られる分散分析表は, 表3.5のようになる. すなわち, $F_0 > F(\phi_R, \phi_e; \alpha)$ であれば回帰に意味があったと判断する.

表3.5 分散分析表

要因	S	ϕ	V	F_0
回帰	S_R	$\phi_R = p$	$V_R = S_R/p$	V_R/V_e
残差	$S_e = S_T - S_R$	$\phi_e = n-p-1$	$V_e = \dfrac{S_e}{n-p-1}$	
合計	$S_T = S_{yy}$	$\phi_T = n-1$		

3.3 回帰式の解釈

1.3.1 項では，2 変数間の直線的な関係の強さを定量的に表す尺度として，相関係数を取り上げた．ここでは，y_α とそのときの予測値 $\hat{y}_\alpha$ との相関係数を考える．これは，回帰によってどの程度説明できたかを示す，もう 1 つの指標であるといえる．これを重相関係数とよび，R で表す．相関係数の定義から，

$$R = \frac{\sum_\alpha^n (y_\alpha - \bar{y})(\hat{y}_\alpha - \bar{y})}{\sqrt{\sum_\alpha^n (y_\alpha - \bar{y})^2 \sum_\alpha^n (\hat{y}_\alpha - \bar{y})^2}}$$

と書ける．分子は，S_R に一致するので，

$$R = \sqrt{\frac{S_R}{S_T}} = \sqrt{1 - \frac{S_e}{S_T}}$$

とも書ける．これを 2 乗した値は，y の変動のどの程度を p 個の説明変数で説明できているかの割合を示したものであり，寄与率とよぶ．

相関係数は，マイナスの値をとることがあったが，重相関係数は 0～1 までの範囲をとる．寄与率も 0～1 の範囲をとる値であり，説明変数が全体として y の予測にどの程度有効であるかを評価する指標である．しかし，ここで 1 つ注意が必要である．重相関係数も寄与率も，回帰平方和 S_R の値の大きさが重要である．この回帰平方和 S_R は，回帰に導入する説明変数の数が多くなれば，仮に追加した変数が y の説明にはまったく寄与していない場合においても，常に増えてしまい，全体平方和 S_T に近づいてしまう．説明変数の数 p が，$p = n-1$ に達したときには，$S_R = S_T$ となり，重相関係数は常に 1 となる．

ここで極端な例として，単回帰分析において，$n=2$ のときを考えてみよう．y と x の間には，関係がなかったとしても，2 点を通るような 1 本の直線が回帰式となる．このとき，残差は 0 となり，重相関係数および寄与率は 1 となる．この例からもわかるように，$p = n-1$ に近いとき，すなわち，データに対して説明変数が多いときには，重相関係数が大きくなってしまう．これを避けるためには，回帰平方和と総平方和の比を求めるのではなく，それぞれの平方和をそれぞれの自由度で割って，分散の比として求めるのがよい．すなわち，誤差分散

$$V_e = \frac{S_e}{n-p-1}$$

と，全体の分散

$$V_T = \frac{S_T}{n-1}$$

を用いて，自由度調整済み重相関係数としてR^*を用いて評価する．

$$R^* = \sqrt{1-\frac{V_e}{V_T}} = \sqrt{1-\frac{\dfrac{S_e}{n-p-1}}{\dfrac{S_T}{n-1}}}$$

また，その2乗を，自由度調整済み寄与率としてR^{*2}と書くことがある．

さらに，自由度で調整した値R^{**}を自由度二重調整済み相関係数，および自由度二重調整済み寄与率とよび，これを当てはまりの良さの指標とすることもある．例えば，以下のようになる．

$$R^{**} = \sqrt{1-\frac{(n+p)V_e}{(n+1)V_T}}$$

最小2乗法によって求められた切片と回帰係数によって得られる回帰式を解釈する際には，以下について検討することが考えられる．

- 固有技術的な検討およびこれまでの経験と合致する程度
- 回帰式が通用する範囲

まず，得られた回帰式が固有技術的に納得できるか否かを考えることである．単回帰式では，説明変数が1つだけの場合を取り上げているため，検討は比較的容易であることが多い．一方で，重回帰分析では，複数の説明変数の全体で目的変数を説明している点が異なる．両者に大きな違いはないように見えるが，それぞれの説明変数に対する偏回帰係数の解釈が困難になる．

単回帰式では，回帰係数の符号や大きさを調べることによって，説明変数がどの程度目的変数に影響しているかの大きさを見積もることができた．しかし，重回帰式においては，同様の議論ができない．偏回帰係数にしても，説明変数

の大きさの影響を受けない形に標準化した標準偏回帰係数においても，符号や係数の大小で議論できない．なぜなら，重回帰分析においては，説明変数間には相関がある場合が多いためである．例えば，説明変数が2つの場合，すなわち，$p=2$として，以下の式を考えてみる．

$$\hat{y} = \hat{a} + \hat{b}_1 x_1 + \hat{b}_2 x_2$$

単回帰式における回帰係数の解釈では，x_1が1変化するときに，それにともなってyが$\hat{b}_1$だけ変化するとみてよさそうである．しかし，変数間に相関がある場合には，x_1が1変化するときには，x_2もそれに伴って変化し，yが変化してしまう．このように，重回帰式における偏回帰係数は，単独では解釈することが難しくなる．この変化の現れ方の程度によっては，符号が反転してしまうこともあり，技術的な解釈は困難である．

回帰式が通用する範囲を見ることが重要であるのは，単回帰と同様である．得られた回帰式は，どのようなxについても成り立つかのように得られる．しかし，散布図の検討でも考えたように，得られた回帰式によってすべてのxに関するyとの関係を説明できるとは限らない．あくまでも，データが得られた範囲において関係を表していると解釈すべきである．重回帰分析に用いるデータが得られた範囲は，複雑になってしまうので，得られた回帰式を用いることのできる範囲を検討する際は慎重になる必要がある．また，実際には説明変数の値の組合せで再実験をするなどの配慮が必要である．

3.4 変数選択

これまでの分析の流れは，対象となる説明変数をすべて用いて重回帰分析を実施している．すなわち，ある程度のメカニズムを把握したうえで，それぞれの説明変数は目的変数に影響を与えているだろうという想定のもとに，それぞれの説明変数が目的変数に与える影響の強さを偏回帰係数として求めるための流れであった．一方で，手元のデータをもとにして，どれが説明変数として有効であるのか明らかでない場合に，重回帰分析を実施することがある．すなわち，どの説明変数が目的変数に大きな影響を与えているのかを明らかにしなが

ら分析を進めていく場合である．

このような場合には，試行錯誤しながら，重回帰式を作成する対象となる説明変数の組合せを選択し，重回帰式を作成して，その式の善し悪しを判断しながら作成する必要がある．一般に，n個の説明変数が存在するときに，検討候補となる説明変数の組合せは，おおまかには2^n個である(すべての説明変数を用いない場合を含んでいる)．すべての組合せについて検討することは現実的ではないため，説明変数同士を比較して，どの説明変数を用いて回帰式を構成するとよいかを示すための判断基準があれば，その判断基準をもとにして段階的に回帰式を探索することができる．

通常，説明変数同士にも相関があり，ある説明変数の値を変化させると，別の説明変数の値も変化することが多い．一方で，偏回帰係数を求めることは，それぞれの変数を個別に変化させたときを想定している．したがって，選択した変数同士の関係を考慮したうえで回帰式を解釈する必要がある．これは，一般的には困難を極める．

このような場合に，回帰式に取り込むべき変数を決定する方法としては，主に以下の3つが挙げられる．

① 変数増加法

② 変数減少法

③ ステップワイズ法

まず，①変数増加法は，p個の変数について，それぞれ1変数を回帰式に取り込んだp個の回帰式を作成する．そのなかで最も寄与率が高く，説明力があると思われる式を選択する．次に，選ばれなかった$p-1$個の変数のなかから1つを選んで回帰式に追加する．すなわち，変数が2つ取り込まれた$p-1$個の回帰式を求める．回帰による平方和が最も大きくなった場合の変数を用いた回帰式を採用する．これをある基準を満たすまで繰り返し，新しい変数を取り込んでも，回帰による平方和があまり大きくならなかったところで計算を終了し，そのとき得られた回帰式を求める回帰式とする方法である．

次に，②変数減少法は，p個の変数を用いて回帰式を作成する．そのなかか

ら，最も有意でない変数を回帰式から除去し，$p-1$ 個の変数を用いて回帰式を作成する．これを取り込まれた変数がすべて有意になるまで繰り返して，そのとき得られた回帰式を求める回帰式とする方法である．

③のステップワイズ法は，①変数増加法のアプローチに，②変数減少法のアプローチを加えて回帰式を求める．すなわち，変数増加法に従って回帰式を作成していくが，取り込まれた変数の回帰に対する寄与の度合いをそれぞれの段階で評価し，不要な変数と判断した場合には，②変数減少法と同様に回帰式から変数を除去することを許容した手法である．例えば，回帰に取り込む基準について 5% 有意として，除去する基準を 10% 有意でないときなどと決めて，逐次的に回帰式を探す方法である．

変数の数が少ない場合には，冒頭で述べたようにすべての変数の組合せについて回帰式を計算することも可能であるが，計算が大変なので実施されないことが多い．

3.5 質的な変数を含む重回帰分析

回帰分析を実施する際に，添加剤の有無や機械の号機など，量的な変数ではなく質的な変数の影響を考慮したいことがある．例えば，1 号機と 2 号機では目的変数の値が異なるときに，それぞれ別々の回帰式を求めることもできるが，重回帰式を構成する 1 つの変数として取り入れることができる．他の変数と同様に扱うためには，何らかの数量化が必要であるから，質的な変数を量的に表すために，ダミー変数という概念を用いて表す．

ダミー変数の導入によって，例えば添加剤を加えないときは，0 として解析し，添加剤を加えたときは 1 とする．すなわち，

$x=0$
$x=1$

と値を割り当てることによって，このときの回帰係数を求めれば，添加剤の有無の影響を扱うことができる．

ダミー変数は，0 または 1 といった 2 つの値をとるだけでなく，それ以外の

値をとることもできる．例えば，−1と1などをとることもできる．しかし，複数の水準を表現するために，$x=0, 1, 2, 3$などとしてしまうと，4つの水準が等間隔に並んでいて，その効果も等間隔で表現できるときはよいものの，そうでないときには良い解析ができない．解析を容易にするためには，ダミー変数の数を増やして表現する．例えば，4台の機械A,B,C,Dがあったときには，

$$
\begin{aligned}
(x_1, x_2, x_3) &= (1, 0, 0) \quad A \\
&= (0, 1, 0) \quad B \\
&= (0, 0, 1) \quad C \\
&= (0, 0, 0) \quad D
\end{aligned}
$$

と設定することにより，Aによる影響はx_1の係数で判断でき，それぞれB, C, Dも解釈可能である．一般に，r水準を表すときには，1個少ない$r-1$個のダミー変数を準備する必要がある．すなわち，以下のように書ける．

$$
\begin{aligned}
(x_1, x_2, \cdots, x_{r-1}) &= (1, 0, \cdots, 0) \quad 1 \\
&= (0, 1, \cdots, 0) \quad 2 \\
&= (0, 0, \cdots, 1) \quad r-1 \\
&= (0, 0, \cdots, 0) \quad r
\end{aligned}
$$

このようなダミー変数を導入することで，水準ごとの違いを表すことができる．ここでの水準ごとの違いは，回帰式の定数項の部分の差に現れることになる．したがって，偏回帰係数の値が，水準ごとによって異なるときなどは表すことができない．すなわち，水準ごとに別々の回帰式を用いて解析するのがよいのか，水準の違いを定数項の差によって表せばよいのかを調べることによって，各水準を含めた回帰式でよいのかどうかを検討することが考えられる．

3.6 多重共線性

日々の操業データから回帰式を作成する場合には，説明変数の間に関係がある場合がある．例えば，ヒトの身長と体重の間には，正の相関が存在すると考えるのがふつうである．工程によっては，気温が高くなれば，加熱時間が短くなっているかもしれない．これらのように，説明変数間で相関がある場合にお

いては，重回帰分析が困難になることがある．ある程度の相関関係があっても，重回帰式を求めることができ，予測に用いることができる．しかし，説明変数間の相関が強すぎると，回帰式を正しく求めることができず，予測ができない場合がある．説明変数同士の相関が強い状況を，多重共線性があるという．多重共線性がある場合の具体的な問題としては，以下の4点が挙げられる．

① 解析式全体としては有意であるが，個別の説明変数に対する回帰係数が有意でない．

② 技術的には意味があると思われる説明変数についての回帰係数が有意でなかったり，正負の符号が逆だったり，値が大きく異なる．

③ データの値のわずかな変化や，一部のデータが削除された場合，また一部の説明変数を追加・削除した場合に，回帰係数の推定値が大きく異なる．

④ 得られた回帰式を予測に用いた場合に，データの相関関係が少し異なるだけでもまったく役に立たなくなってしまう．

多重共線性は，求めた重回帰式に問題があるというよりは，解析の対象となっているデータの問題といえる．すなわち，データのなかに，相関の強すぎる説明変数が混じっているか否かを検討して，対処することが必要である．したがって，回帰式を求める前に，説明変数間の関係をよく検討し，相関係数に着目することによって発見できる．2つの説明変数間の相関については，このようにして検討できるが，3つ以上の変数間に相関が強い場合においても，多重共線性は発生してしまうので，その点は注意が必要である．

相関が強い説明変数同士を発見できたら，追加でデータをとることができる場合には，相関が弱くなるような範囲のデータを実験的に追加することが考えられる．しかし，固有技術的に考えて意味がないような範囲を検討することになってしまっては分析の意味がない．追加のデータをとることが困難である場合や意味がないと思われる場合には，相関のある変数のグループの意味を十分に考えて取捨選択することが考えられる．すなわち，説明変数を一部除去したうえで回帰式を作成すればよい．または，意味を考えることで，それらの説明

変数の値の平均をとるなどして1つの説明変数にまとめることも考えられるし、それらの共通点を考えることによって、本質的な説明変数を考えることもできるかもしれない。説明変数間の関係を考察するために、クラスター分析や主成分分析を経て分析することもある。

3.7　分析事例

第3章の内容について、具体例をもとに解説する。ある工程では、加工後の強度の規格を満たしていないことが問題となっていた。そこで、1日2個ずつのサンプルのデータを25日分さかのぼって分析することとした。強度の規格は、15以上50以下である。加工条件のうち、強度に関連すると考えられた5つの要因をとりあげた。温度x_1, 密度x_2, 時間x_4, 圧力x_5は連続量である。メーカーx_3は、A社またはB社である。これらのデータは、変換後の値であり、無名数である。表3.6に収集したデータを示す。分析の目的は、強度に強く関連している要因は何かを見極めることと、規格内の製品をつくるための条件を把握することである。

回帰式を算出するためのデータの観察

まず、基本統計量を表3.7に示す。

メーカーについては、1日のうちにA社を1つ、B社を1つ収集しており、25個ずつである。強度の規格は、15以上50以下であり、強度の平均値が31.27で標準偏差が9.39であることから、工程能力指数C_pは、

$$C_p = \frac{S_U - S_L}{6s} = \frac{50-15}{6 \times 9.39} = 0.621$$

となり、不足している。

相関係数を、表3.8に示す。表3.8より、強度とは、密度、時間および圧力の相関が比較的高い。強度と温度については、弱い負の相関がある。メーカー別の強度は、A社の平均が31.85であり、B社の平均が30.69である。標準偏差はA社が8.099, B社が10.664である。両社の平均値に違いがあるかどう

3.7 分析事例

表3.6 収集したデータ

No.	日付	強度 y	温度 x_1	密度 x_2	メーカー x_3	時間 x_4	圧力 x_5
1	4月1日	28.2	2.5	0.0	A	3.1	17.6
2	4月1日	32.7	0.6	−0.5	B	17.2	7.9
3	4月2日	35.1	2.9	2.8	A	8.7	13.9
4	4月2日	33.9	3.5	3.8	B	10.5	13.3
5	4月3日	36.1	9.1	−1.4	A	3.5	19.0
6	4月3日	28.8	6.6	−1.9	B	5.6	17.8
7	4月4日	52.0	6.7	−0.2	A	12.8	11.3
8	4月4日	22.4	9.5	−8.1	B	9.7	14.6
9	4月5日	26.7	7.3	−5.8	A	11.7	11.9
10	4月5日	24.0	2.1	−0.3	B	−0.3	22.5
11	4月6日	24.0	7.7	−0.3	A	12.0	11.5
12	4月6日	20.9	1.0	0.4	B	11.2	11.9
13	4月7日	35.3	2.7	−1.8	A	15.0	8.1
14	4月7日	19.7	4.2	−1.7	B	9.5	13.1
15	4月8日	35.7	1.7	2.0	A	20.4	4.3
16	4月8日	37.0	2.2	1.6	B	11.9	12.3
17	4月9日	26.3	5.9	−4.6	A	10.6	11.7
18	4月9日	42.7	8.6	1.4	B	14.0	10.8
19	4月10日	17.9	7.1	−6.5	A	−6.3	26.5
20	4月10日	21.2	7.7	−2.9	B	2.9	18.0
21	4月11日	31.6	1.1	1.7	A	13.8	9.4
22	4月11日	22.4	3.6	−3.1	B	13.7	10.0
23	4月12日	27.9	8.3	−5.7	A	−2.8	22.9
24	4月12日	32.5	7.8	−0.2	B	10.7	12.1
25	4月13日	18.3	9.3	−8.4	A	10.3	12.6
26	4月13日	10.6	7.9	−6.6	B	2.7	19.2
27	4月14日	36.8	1.7	−1.2	A	9.6	13.6
28	4月14日	33.5	2.9	−0.3	B	16.2	7.3
29	4月15日	33.0	4.3	4.9	A	5.0	16.6
30	4月15日	20.0	3.8	1.1	B	10.1	12.9
31	4月16日	28.4	3.9	−2.8	A	12.8	11.7
32	4月16日	37.1	3.0	2.0	B	20.3	4.3
33	4月17日	33.4	5.2	−2.5	A	14.7	10.5
34	4月17日	46.8	4.1	5.3	B	24.4	2.1
35	4月18日	22.0	6.5	−1.7	A	−0.7	21.8
36	4月18日	29.1	5.4	4.0	B	16.5	7.1
37	4月19日	29.6	6.1	−3.2	A	12.6	12.0
38	4月19日	33.8	4.2	3.4	B	5.4	17.3
39	4月20日	46.2	1.7	1.9	A	19.8	4.5
40	4月20日	56.6	2.8	6.2	B	24.7	2.7
41	4月21日	23.4	8.4	−7.7	A	1.2	21.1
42	4月21日	47.0	3.2	4.6	B	20.9	5.3
43	4月22日	37.6	2.2	2.4	A	18.3	5.7
44	4月22日	18.7	8.5	−2.8	B	2.5	18.8
45	4月23日	42.5	9.2	0.0	A	18.4	7.8
46	4月23日	28.5	7.7	1.9	B	11.5	12.4
47	4月24日	31.9	2.3	−2.0	A	17.2	6.5
48	4月24日	26.9	4.8	0.5	B	10.7	12.3
49	4月25日	36.4	2.5	0.0	A	16.7	7.6
50	4月25日	40.5	9.8	−1.0	B	18.4	5.4

表3.7 基本統計量

変数名	データ数	合計	最小	最大	平均	標準偏差
強度 y	50	1563.6	10.6	56.6	31.27	9.39
温度 x_1	50	251.8	0.6	9.8	5.04	2.73
密度 x_2	50	−33.3	−8.4	6.2	−0.67	3.53
時間 x_4	50	559.3	−6.3	24.7	11.19	6.99
圧力 x_5	50	611.5	2.1	26.5	12.23	5.68

表3.8 各変数の相関係数

	強度 y	温度 x_1	密度 x_2	時間 x_4	圧力 x_5
強度 y	1	−0.264	0.645	0.668	−0.637
温度 x_1	−0.264	1	−0.531	−0.376	0.399
密度 x_2	0.645	−0.531	1	0.518	−0.516
時間 x_4	0.668	−0.376	0.518	1	−0.992
圧力 x_5	−0.637	0.399	−0.516	−0.992	1

かの検定をしたところ,検定統計量$t_0=0.433$となり,5%有意とはならなかったため,メーカーによって平均値に差があるとはいえない.説明変数間の相関係数については,時間と圧力の相関係数が-0.992と強い負の相関が見られる.

強度と各説明変数間の散布図と,メーカーについては層別したヒストグラムを図3.4に示す.

図3.4からは,強度と各説明変数間の具体的な関係を観察できる.例えば,外れ値になっていそうな点は確認できない.また,相関係数では説明できないような曲線の関係についても,とくには見当たらない.時間と圧力については,負の直線関係になっていることが観察される.メーカーで層別したヒストグラムについても,平均値が異なるようなものは,とくには見当たらない.

回帰式を求めることに問題がありそうな箇所は,時間と圧力の間に強い負の

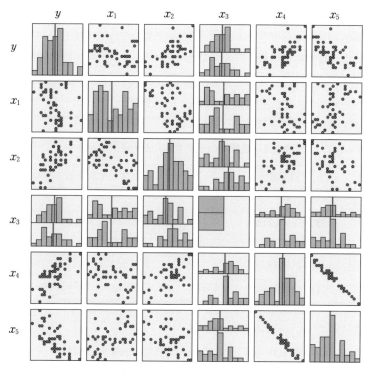

図 3.4 各変数の散布図とヒストグラム

相関がありそうなことである.それ以外には,とくに見当たらない.変数を選択する過程で念頭に置くこととして,実際に重回帰式を求めることとする.

重回帰式の算出(3.4節参照)

表 3.6 のデータを元にして,変数選択をしながら重回帰式を求める.メーカーは,A 社もしくは B 社の 2 水準であるため,ダミー変数を 1 つ採用して,$x_3 = 0, 1$(A 社のとき 0,B 社のとき 1)としてメーカーの違いを表し,他の変数と同じようにして回帰式を求める.ここでは,変数選択法としてステップワイズ法を利用する.

説明変数を 1 つ使用して作成した回帰式は,以下の 5 種類である.それぞれ

の回帰式に対して,自由度二重調整済み相関係数を計算する.

表3.9より,x_4を取り込んだときの回帰式$y=21.240+0.897x_4$が最も高い自由度二重調整済み寄与率R^{**2}をとることがわかる.そこで,x_4を取り込むこととして,次に取り込む変数を検討する.先ほどと同様にしてほかの説明変数を追加してみると,それぞれ表3.10のようになる.

表3.9 変数1つを取り込んだ回帰式と寄与率

回帰式	自由度二重調整済み寄与率R^{**2}
$y=35.851-0.909x_1$	0.032
$y=32.416+1.718x_2$	0.393
$y=31.852$ or 30.692	-0.037
$y=21.240+0.897x_4$	0.423
$y=44.160-1.054x_5$	0.381

表3.10 x_4と1つ変数を追加した回帰式と寄与率

回帰式	自由度二重調整済み寄与率R^{**2}
$y=21.589-0.052x_1+0.889x_4$	0.400
$y=25.150+1.090x_2+0.612x_4$	0.533
$y=22.333+\begin{cases}0(x_3=0)\\-2.726(x_3=1)\end{cases}+0.921x_4$	0.423
$y=-32.414+2.931x_4+2.527x_5$	0.442

このなかで最も高い自由度二重調整済み寄与率 R^{**2} をとるのは,x_2 を追加した式である.したがって,x_4 の次に取り込む変数は x_2 であり,$y=25.150+1.090x_2+0.612x_4$ となる.同様にして,検討していくと,x_3 が次に取り込まれ,$R^{**2}=0.577$ となり,さらに x_5 が次に取り込まれ,$R^{**2}=0.630$

となる．最後に，x_1 も取り込まれて，回帰式は，

$$y = -34.343 + 0.608x_1 + 1.549x_2 + \begin{cases} 0(x_3=0) \\ -5.737(x_3=1) \end{cases} + 2.883x_4 + 2.797x_5$$

となり，このとき $R^{**2}=0.640$ である．得られた回帰式において削除すべき変数も見当たらないので，これが求める回帰式である．

今回は，変数選択の方法が変数増加法・変数減少法についても，同様の回帰式となる．また，すべての説明変数の組合せについて検討した場合にも同様の結果となった．

ここで，相関係数を用いた事前の検討結果から，x_4 と x_5 の間には強い負の相関があり，回帰式に同時に取り込むことは避けたい．ステップワイズ法にもとづく変数選択の過程では，x_4, x_2, x_3 と取り込まれた式に戻ってみる．ここで，自由度二重調整済み寄与率 R^{**2} を最も向上させるのは，x_5 が次に取り込まれた場合であるが，x_1 を取り込んだ場合を考える．このときの回帰式は，

$$y = 23.689 + 0.795x_1 + 1.581x_2 + \begin{cases} 0(x_3=0) \\ -5.199(x_3=1) \end{cases} + 0.646x_4$$

となり，$R^{**2}=0.602$ である．最も寄与率が高い式ではないが，多重共線性を考慮してこの回帰式を採用する．

残差の検討(2.4節参照)

先ほどの検討にもとづき，残差を検討する式は以下の式である．

$$y = 23.689 + 0.795x_1 + 1.581x_2 + \begin{cases} 0(x_3=0) \\ -5.199(x_3=1) \end{cases} + 0.646x_4$$

ここで，残差は，

$$e_i = y_i - \hat{y}_i = y_i - \left\{ 23.689 + 0.795x_1 + 1.581x_2 + \begin{cases} 0(x_3=0) \\ -5.199(x_3=1) \end{cases} + 0.646x_4 \right\}$$

である．表3.11にすべてのサンプルについて残差および規準化残差を示す．

第3章 重回帰分析

表3.11 残差と規準化残差

No.	強度 y	点推定 $\hat{y}$	残差	規準化残差
1	28.2	27.70	0.52	0.095
2	32.7	29.30	3.41	0.640
3	35.1	36.00	−0.95	−0.173
4	33.9	34.10	−0.17	−0.030
5	36.1	31.00	5.13	0.960
6	28.8	24.40	4.45	0.801
7	52.0	37.00	15.03	2.950
8	22.4	19.50	2.89	0.560
9	26.7	27.90	−1.19	−0.216
10	24.0	19.50	4.51	0.869
11	24.0	37.10	−13.10	−2.543
12	20.9	27.20	−6.26	−1.165
13	35.3	32.70	2.61	0.472
14	19.7	25.30	−5.58	−1.009
15	35.7	41.40	−5.69	−1.050
16	37.0	30.50	6.54	1.192
17	26.3	28.00	−1.66	−0.298
18	42.7	36.60	6.11	1.140
19	17.9	15.00	2.92	0.554
20	21.2	21.90	−0.70	−0.127
21	31.6	36.20	−4.57	−0.835
22	22.4	25.30	−2.91	−0.534
23	27.9	19.50	8.43	1.603
24	32.5	31.30	1.21	0.217
25	18.3	24.50	−6.16	−1.184
26	10.6	16.10	−5.48	−1.029
27	36.8	29.30	7.45	1.378
28	33.5	30.80	2.71	0.488
29	33.0	38.10	−5.09	−1.002
30	20.0	29.80	−9.78	−1.803
31	28.4	30.60	−2.24	−0.401
32	37.1	37.20	−0.06	−0.011
33	33.4	33.40	0.03	0.005
34	46.8	45.90	0.90	0.166
35	22.0	25.70	−3.72	−0.687
36	29.1	39.80	−10.67	−2.019
37	29.6	31.60	−2.03	−0.362
38	33.8	30.70	3.11	0.574
39	46.2	40.80	5.36	0.984
40	56.6	46.50	10.11	1.959
41	23.4	19.00	4.43	0.821
42	47.0	41.80	5.18	0.949
43	37.6	41.10	−3.46	−0.629
44	18.7	22.40	−3.74	−0.684
45	42.5	42.90	−0.40	−0.076
46	28.5	35.10	−6.55	−1.211
47	31.9	33.50	−1.58	−0.288
48	26.9	30.00	−3.11	−0.554
49	36.4	36.50	−0.07	−0.013
50	40.5	36.60	3.90	0.744

3.7 分析事例

規準化残差のヒストグラム(2.4節参照)

規準化残差のヒストグラムを図3.5に示す.

ヒストグラムはきれいな正規分布形に見える. $\pm 2\sigma \sim 3\sigma$ の間に入る点が3点見受けられ, 少し離れた点が多いように感じられるが, 回帰は十分に当てはまっていると思われる.

残差の時系列プロット

残差の時系列プロットを図3.6に示す.

残差の時系列プロットからは, とくに不自然と思われる箇所はない. ダービン・ワトソン比は, 1.478であった.

目的変数・説明変数と残差の散布図

2次の項の必要性などを検討するため, 目的変数・説明変数と残差の散布図を図3.7に示す.

目的変数と残差の散布図からは, 得に目立った傾向は見られない. 説明変数についても同様であるが, 気になるとすれば x_1 と残差の散布図が若干2次的

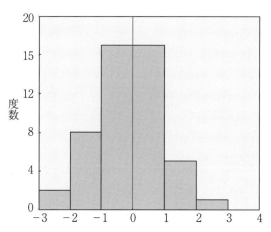

図3.5 規準化残差のヒストグラム

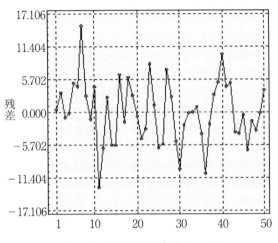

図 3.6 残差の時系列プロット

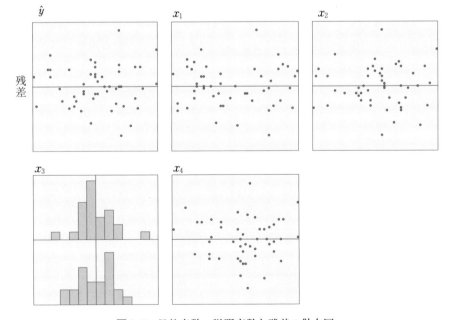

図 3.7 目的変数・説明変数と残差の散布図

な傾向が見られるかもしれない．ここで，2次の項を追加することも考えられるが，温度の2乗が強度に与える影響を物理的に考察するのは困難であるとここでは考えて，追加しないこととした．

次に，検討しなかった変数と残差の散布図を**図3.8**に示す．多重共線性を考慮して回帰式に追加しなかった x_5 と残差の散布図からも，とくに傾向は見られなかった．

以上の検討から，この回帰式を採用してもよいと判断する．

なお，得られた回帰式における残差の標準偏差は，5.702であった．今回取り上げた変数で説明できないばらつきの大きさであるから，今後の工程能力指数としては，

$$C_p = \frac{S_U - S_L}{6s} = \frac{50 - 15}{6 \times 5.702} = 1.023$$

となることが想定される．実際の操業条件を決めるに当たっては，A社，B社と別々に操業の条件を出していくと思われるが，原料の密度を測定したうえで，

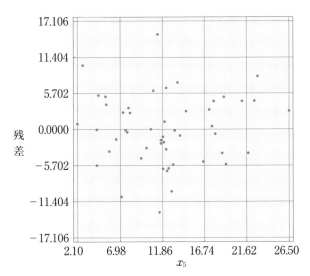

図3.8 回帰式に用いていない説明変数と残差の散布図

温度と時間を決定していくこととなる．どちらを固定するほうが工程にとって望ましいかを，コストを含めて検討する必要がある．また，実際の生産に移る前に，細かい条件について，再現実験を含めた検討をすべきである．その際の探索過程は本書の範囲を大きく超えてしまうので，『実験計画法』(安井清一，日科技連出版社) を参照するとよい．

第4章
その他の手法

4.1 中心複合計画を用いた応答曲面法

 その他の手法として，本節では中心複合計画にもとづいた応答曲面法について説明する．中心複合計画は，応答曲面を効率よく推測するための実験の計画方法である．応答曲面とは，実験の計画に従って採取されたデータを応答とよび，この応答を目的変数として，実験で取り上げた因子を説明変数として求めた回帰式のことを指している．得られた回帰式をもとにして，応答の値を予測する．さらに，最大または最小となるような因子の条件を求める．ここで得られる回帰式は，因子の多項式となる場合が多く，予測値が同じ時点を結んだときに得られる等高線が曲面となるため，応答曲面とよばれている．

 これまでは，データは，過去の操業データが蓄積しているなど，あらかじめ存在していることを基本として考えていたが，本節では，実験計画にもとづいてデータを採取し，分析することを考える．まずは，因子を1つ取り上げて応答を最大にする場合を考えてみる．その後，因子を2つ取り上げた場合について触れ，中心複合計画について説明する．

4.1.1 一元配置法の実験データの解析

 例えば，収量を最大にする条件を探すために，温度など1つの因子を取り上げて，水準を a 種類設定したうえで，それぞれの水準で n 回繰り返す実験のやり方を一元配置法とよぶ．このとき，温度などの因子を設定した場合には，質的変数ではなく量的変数と考えられるので，水準間の違いにも意味がある．

例えば，50℃，60℃，70℃，80℃の4水準で実験をした場合に，それぞれの水準の違いによってどのように値が異なるかを知りたいことがある．

このような場合に，一元配置にもとづく分散分析をすることで，因子の効果の有無を調べるだけでなく，回帰分析をすることで上記の情報を得ることができる．すなわち，

$$y_{ij} = \beta_0 + \beta_1 x_i + \beta_2 x_i^2 + \cdots + \beta_{a-1} x_i^{a-1} + \varepsilon_{ij} \tag{4.1}$$

$i = 1, \cdots, a$

$j = 1, \cdots, n$

$\varepsilon_{ij} \sim N(0, \sigma^2)$

を仮定する．ここで，式(4.1)では，A_i水準の第j番目の実験データをy_{ij}とし，A_i水準について，水準の値をx_iとする．このとき，誤差ε_{ij}は，実験を繰り返していることで求められる誤差のことを指している．これまで，回帰分析のデータでは，同じ水準で実験を繰り返していることを想定していなかったが，一元配置では，各水準での実験の繰返しがあるため，残差だけではなく実験の誤差を求めることができる．

先ほどの多項式の回帰式について回帰係数を求めるためには，重回帰分析とみなせばよい．すなわち，$x_i^2 = x_2$などのようにみなして重回帰式を求めればよい．しかし，xとx^2の関係を考えてみると，予測が不安定になってしまうかもしれない．多重共線性が起こるのを避けるため，変数間の相関を減らしたい．そこで，説明変数の値を平均からの偏差とすることで相関をやわらげる．例えば，$x = 5, 6, 7, 8$のときに，$x^2 = 25, 36, 49, 64$となる．これを図示すると，**図4.1**のようになる．xとx^2の相関が極めて高くなっていることが確認できる．そこで，$(x - \overline{x})^2 = (x - 6.5)^2$とする．それぞれ$x = 5, 8$のとき2.25，$x = 6, 7$のとき0.25となる．そうすると，**図4.2**のようになり，xとx^2のときには強い相関関係だったものが，xと$(x - \overline{x})^2$とすることで相関関係は弱くなっていることが確認できる．

上記の変換によって，求める回帰式は，以下のようになる．

$$y_{ij} = \beta_0 + \beta_1 x_i + \beta_2 (x_i - \overline{x})^2 + \cdots + \beta_{a-1} (x_i - \overline{x})^{a-1} + \varepsilon_{ij} \tag{4.2}$$

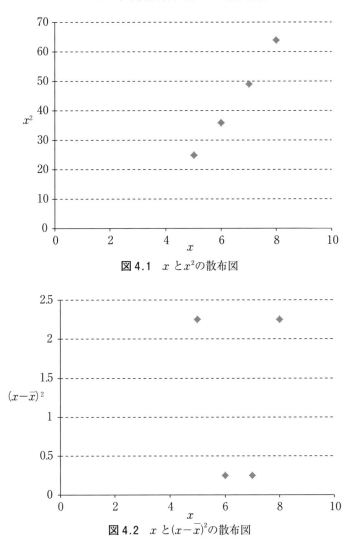

図 4.1 x と x^2 の散布図

図 4.2 x と $(x-\bar{x})^2$ の散布図

　以下では，表 4.1 のデータを事例として分析する．表 4.1 は温度と収量の関係を明らかにするため，温度を 4 水準設定して，それぞれ 4 回ずつ実験して得られたデータである．収量は大きいほうがよい．最適な条件を探すため，分析を進める．

表 4.1 温度と収量のデータ

No.	収量 y	温度 x_1	x_2	x_3
1	89.2	5.0	2.25	-3.375
2	93.4	5.0	2.25	-3.375
3	100.3	5.0	2.25	-3.375
4	95.4	5.0	2.25	-3.375
5	112.3	6.0	0.25	-0.125
6	108.7	6.0	0.25	-0.125
7	115.3	6.0	0.25	-0.125
8	105.4	6.0	0.25	-0.125
9	114.5	7.0	0.25	0.125
10	118.6	7.0	0.25	0.125
11	109.3	7.0	0.25	0.125
12	120.1	7.0	0.25	0.125
13	110.3	8.0	2.25	3.375
14	105.3	8.0	2.25	3.375
15	99.8	8.0	2.25	3.375
16	108.2	8.0	2.25	3.375

実験データを図 4.3 の散布図に示す.

図 4.3 から, $x=7$ 付近のときに, 最も収量が高くなるように見える. また, それぞれの温度でばらつき具合はほぼ同程度であり, 異常値と思われるものも見当たらない. 回帰式は 3 次の項を含む必要はなく, 2 次の項を含めば十分であるように見える.

取り上げた因子は 4 水準である. $a=4$ であるから, まずは $a-1=4-1=3$ より 3 次の項まで入れて回帰式を求めてみる. すなわち,

$$y_{ij} = \beta_0 + \beta_1 x_i + \beta_2 (x_i - \bar{x})^2 + \beta_3 (x_i - \bar{x})^3 + \varepsilon_{ij} \tag{4.3}$$

として, 式(4.3)のそれぞれの回帰係数を求める. 最小 2 乗法を用いて, 回帰

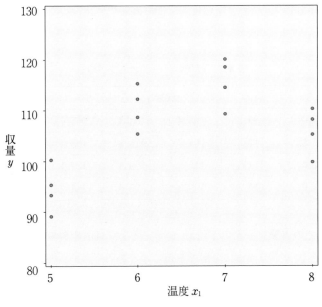

図 4.3 実験データのグラフ

係数を求めると,以下のようになる.
$$\hat{y}_{ij} = 79.666 + 5.378 x_{ij} - 6.394 (x_i - 6.5)^2 - 0.713 (x_i - 6.5)^3$$
表 4.2 に回帰に関する分散分析表を示す.

表 4.2 回帰式に関する分散分析表

要因	S	ϕ	V	F_0
回帰	964.672	3	321.557	15.336**
残差	251.603	12	20.967	
合計	1216.274	15		

分散分析表より有意となったので,回帰には意味があると考えられる.
同様に,表 4.1 のデータを一元配置法を用いて分析する.計算過程を説明す

るため,表4.1のデータを並び替え,平均値などを計算したものを,表4.3に示す.

表4.3 収量のデータおよび平均値

温度x_1	収量y				平均値
5.0	89.2	93.4	100.3	95.4	94.6
6.0	112.3	108.7	115.3	105.4	110.4
7.0	114.5	118.6	109.3	120.1	115.6
8.0	110.3	105.3	99.8	108.2	105.9
				全体平均	106.6

A_i水準での実験データの平均$\bar{y}_{i\cdot}$を考えると,目的変数の平方和S_{yy}は誤差平方和S_Eと因子平方和S_Aに分解できる.すなわち,

$$S_{yy} = \sum_{i=1}^{a}\sum_{j=1}^{n}(y_{ij}-\bar{y})^2 = \sum_{i=1}^{a}\sum_{j=1}^{n}(y_{ij}-\bar{y}_{i\cdot}+\bar{y}_{i\cdot}-\bar{y})^2$$

$$= \sum_{i=1}^{a}\sum_{j=1}^{n}(y_{ij}-\bar{y}_{i\cdot})^2 - \sum_{i=1}^{a}\sum_{j=1}^{n}(\bar{y}_{i\cdot}-\bar{y})^2 + 2\sum_{i=1}^{a}\sum_{j=1}^{n}(y_{ij}-\bar{y}_{i\cdot})(\bar{y}_{i\cdot}-\bar{y})$$

$$= \sum_{i=1}^{a}\sum_{j=1}^{n}(y_{ij}-\bar{y}_{i\cdot})^2 - \sum_{i=1}^{a}\sum_{j=1}^{n}(\bar{y}_{i\cdot}-\bar{y})^2 + 2\sum_{i=1}^{a}(\bar{y}_{i\cdot}-\bar{y})\sum_{j=1}^{n}(y_{ij}-\bar{y}_{i\cdot})$$

$$= S_E + S_A$$

ここで,目的変数の平方和S_{yy}は,各実験のデータy_{ij}と全体の実験データの平均$\bar{y}$の偏差の平方和である.すなわち,自由度ϕ_{yy}は,全体のデータ-1となるので,$\phi_{yy}=an-1$である.

誤差平方和S_Eは,各実験のデータy_{ij}とA_i水準での実験データの平均$\bar{y}_{i\cdot}$との偏差の平方和である.すなわち,この平方和が大きいということは,同じ水準における,各実験のデータのばらつきが大きいことを示しているため,誤差平方和とよばれる.自由度は$\phi_E=a(n-1)$である.

$$S_E = \sum_{i=1}^{a}\sum_{j=1}^{n}(y_{ij}-\bar{y}_{i\cdot})^2 \qquad (4.4)$$

因子平方和S_Aは,A_i水準での実験データの平均$\bar{y}_{i\cdot}$と全体の実験データの平均$\bar{y}$との偏差の平方和である.この平方和が大きいということは,水準が変わったときに$\bar{y}_{i\cdot}$が大きく変動することを示している.すなわち,因子に効果

4.1 中心複合計画を用いた応答曲面法

があるといえるため，因子平方和とよぶ．自由度は $\phi_A = a-1$ である．
$$S_A = \sum_{i=1}^{a} \sum_{j=1}^{n} (\bar{y}_{i\cdot} - \bar{y})^2 \tag{4.5}$$

表4.2のデータに当てはめると，個別のデータ y_{ij} と全体平均 106.6 との偏差の平方和は，表4.4 および表4.5 より，以下のようになる．

表4.4 個別のデータと全体平均の偏差

温度 x_1	個別データ－全体平均				各温度での平均－全体平均
5.0	−17.43	−13.23	−6.33	−11.23	−12.1
6.0	5.67	2.07	8.67	−1.23	3.8
7.0	7.87	11.97	2.67	13.47	9.0
8.0	3.67	−1.33	−6.83	1.57	−0.7

表4.5 個別のデータと全体平均の偏差の2乗

温度 x_1	(個別データ－全体平均)^2				(平均値－全体平均)^2
5.0	303.848	175.066	40.085	126.141	145.35
6.0	32.135	4.280	75.147	1.516	14.39
7.0	61.917	143.251	7.122	181.407	80.89
8.0	13.460	1.772	46.666	2.461	0.53

$$S_{yy} = \sum_{i=1}^{a} \sum_{j=1}^{n} (y_{ij} - \bar{y})^2 = (89.2 - 106.6)^2 + \cdots + (108.2 - 106.6)^2$$
$$= (-17.43)^2 + \cdots + 1.57^2 = 303.848 + \cdots + 2.461$$

これを計算すると，$S_{yy} = 1216.274$ となる．自由度 ϕ_{yy} は，$\phi_{yy} = an - 1 = 4 \times 4 - 1 = 15$ である．

誤差平方和 S_E は，個別のデータ y_{ij} と各温度での平均 ($\bar{y}_{1\cdot} = 94.6$，$\bar{y}_{2\cdot} = 110.4$，$\bar{y}_{3\cdot} = 115.6$，$\bar{y}_{4\cdot} = 105.9$) との偏差の平方和である．

すなわち，表4.6 および表4.7 より，以下のようになる．
$$S_E = \sum_{i=1}^{a} \sum_{j=1}^{n} (y_{ij} - \bar{y}_{i\cdot})^2 = (89.2 - 94.6)^2 + \cdots + (108.2 - 105.9)^2$$
$$= (-5.38)^2 + \cdots + 2.30^2 = 28.891 + \cdots + 5.290$$

これを計算すると，$S_E = 251.603$ となる．自由度 ϕ_E は，$\phi_E = a(n-1) = 4 \times (4$

表4.6 個別のデータと全体平均の偏差

温度x_1	個別データー各温度での平均値			
5.0	−5.38	−1.18	5.72	0.82
6.0	1.87	−1.73	4.87	−5.03
7.0	−1.13	2.97	−6.33	4.47
8.0	4.40	−0.60	−6.10	2.30

表4.7 個別のデータと全体平均の偏差の2乗

温度x_1	(個別データー各温度での平均値)^2			
5.0	28.891	1.381	32.776	0.681
6.0	3.516	2.976	23.766	25.251
7.0	1.266	8.851	40.006	20.026
8.0	19.360	0.360	37.210	5.290

−1)=12 である.

因子平方和 S_A は,各温度での平均 ($\bar{y}_{1\cdot}$=94.6, $\bar{y}_{2\cdot}$=110.4, $\bar{y}_{3\cdot}$=115.6, $\bar{y}_{4\cdot}$=105.9)と全体平均 106.6 との偏差の平方和である.したがって,表4.4 および表 4.5 の一番右の列に着目して,各水準はそれぞれ 4 回ずつ実験をしているので,以下のようになる.

$$S_A = \sum_{i=1}^{a} \sum_{j=1}^{n} (\bar{y}_{i\cdot} - \bar{y})^2 = 4 \times (-12.1)^2 + \cdots + 4 \times (-0.7)^2$$
$$= 4 \times 145.35 + \cdots + 4 \times 0.53$$

これを計算すると,S_A=964.672 となる.自由度 ϕ_A は,$\phi_A = a-1 = 4-1 = 3$ である.

以上の結果をまとめると,表 4.8 が得られる.

分散分析表より,温度は実験誤差に対して有意となっている.すなわち,温度を変更することによって,収率の母平均は変化するといえる.

ここで,表 4.2 と比較してみると,回帰による平方和は,温度を因子とした平方和と一致している.自由度も同じである.また,回帰における残差平方和

4.1 中心複合計画を用いた応答曲面法

表 4.8 一元配置に関する分散分析表

要因	S	ϕ	V	F_0
温度	964.672	3	321.557	15.336**
誤差	251.602	12	20.967	
合計	1216.274	15		

が一元配置分散分析における誤差平方和に一致している．さらに，自由度も一致している．全体の平方和についても両者は一致しており，自由度も同じであることから，それぞれの分散が等しく，分散比F_0も等しい．

一元配置の実験データに，$(a-1)$次式を当てはめると，上記のように因子平方和S_Aが回帰による平方和S_Rと一致する．ところで，S_Rは，A_i水準での実験データの平均$\bar{y}_{i\cdot}$と全体の実験データの平均$\bar{\bar{y}}$との偏差の平方和であるが，これをそれぞれのk次の成分ごとの平方和に分解して考えることができる．すなわち，以下のように求められる．

$$S_R = \sum_{i=1}^{a} \sum_{j=1}^{n} (\bar{y}_{i\cdot} - \bar{\bar{y}})^2$$
$$S_R = S_{R(1)} + \cdots + S_{R(a-1)} \tag{4.6}$$

ここで，式(4.6)のk次の回帰成分の平方和を考える．k次の回帰成分とは，k次の変数によって説明される部分である．言い換えれば，$(k-1)$次の変数までを含めて作成した回帰による残差平方和とk次の変数までを含めて作成した回帰による残差平方和との差である．$(k-1)$次の変数までを用いて作成した回帰に比べて，k次の変数を加えて作成した回帰は，説明できる範囲が増えているはずであり，その増加分をとらえる．

$(k-1)$次の変数までを含めて作成した回帰による残差平方和を$S_{e(k-1)}$，k次の変数までを含めて作成した回帰による残差平方和を$S_{e(k)}$とすれば，残差は目的変数のデータの値と予測値との差であるから，その平方和はそれぞれ，

$$S_{e(k-1)} = \sum_{i=1}^{a} \sum_{j=1}^{n} (y_{ij} - \hat{y}_{i(k-1)})^2$$
$$= \sum_{i=1}^{a} \sum_{j=1}^{n} \{y_{ij} - (\hat{a} + \hat{b}_1 x_{ij} + \hat{b}_2 (x_i - \bar{x})^2 + \cdots + \hat{b}_{k-1}(x_i - \bar{x})^{k-1})\}^2$$

$$S_{e(k)} = \sum_{i=1}^{a}\sum_{j=1}^{n}(y_{ij}-\hat{y}_{i(k)})^2$$
$$= \sum_{i=1}^{a}\sum_{j=1}^{n}\{y_{ij}-(\hat{a}'+\hat{b}'_1 x_{ij}+\hat{b}'_2(x_i-\overline{x})^2+\cdots+\hat{b}'_k(x_i-\overline{x})^k)\}^2$$

と書くことができる.したがって,その差が k 次の回帰成分 $S_{R(k)}$ であるから,以下のようになる.

$$S_{R(k)} = S_{e(k-1)} - S_{e(k)} \tag{4.7}$$

 一元配置の場合,(水準数 - 1)次の変数まで用いて回帰式を求めることができる.何次の項まで用いて回帰式を求めるのがよいかを検討するときには,上記の議論にもとづいて,各次数の回帰成分の分散と,誤差の分散との大小を比較すればよい.すなわち,有意でない高次の項を無視して回帰式を計算する.

 表 4.1 のデータをもとに計算すると,表 4.2 より,$S_{e(3)}=251.603$ である.同様に計算すると,$S_{e(2)}=255.258$,$S_{e(1)}=909.338$ である.したがって,3 次の回帰成分の平方和 $S_{R(3)}$ は,

$$S_{R(3)} = S_{e(2)} - S_{e(3)} = 255.258 - 251.603 = 3.655$$

となる.同様に,2 次の回帰成分の平方和 $S_{R(2)}$,1 次の回帰成分の平方和 $S_{R(1)}$ を求めると,それぞれ,以下のようになる.

$$S_{R(2)} = S_{e(1)} - S_{e(2)} = 909.338 - 255.258 = 654.080$$
$$S_{R(1)} = S_{e(0)} - S_{e(1)} = 1216.274 - 909.338 = 306.936$$

これらを分散分析表にまとめると,表 4.9 のようになる.

表 4.9 分散分析表

要因	S	ϕ	V	F_0
因子	964.672	3	321.557	15.336
1 次成分	306.936	1	306.936	14.639
2 次成分	654.080	1	654.080	31.196
3 次成分	3.655	1	3.655	0.174
誤差	251.602	12	20.967	
合計	1216.274	15		

 表 4.9 より 3 次成分については有意とならないので,図 4.3 のグラフで考察

4.1 中心複合計画を用いた応答曲面法

したように2次の項まで入れて回帰式を作成すればよいことがわかる．

上記の検討から，2次の項までを用いて回帰式を作成すればよいことがわかった．そこで，収量を最大にする温度を探索することにする．2次の項まで用いた回帰式は，以下のように書ける．

$$\hat{y}_{ij} = \hat{\beta}_0 + \hat{\beta}_1 x_i + \hat{\beta}_2 (x_i - \bar{x})^2$$

収量を最大にする温度を求めるためには，x_0 のときに回帰式の微分が0になることを利用すればよい．したがって，

$$\frac{d\hat{y}_0}{dx_0} = \hat{\beta}_1 + 2\hat{\beta}_2 (x_0 - \bar{x}) = 0$$

$$x_0 = \bar{x} - \frac{\hat{\beta}_1}{2\hat{\beta}_2}$$

と求めることができる．このときの収量は，回帰式に x_0 を代入すればよい．すなわち，以下のように求めることができる．

$$\hat{y}_0 = \hat{\beta}_0 + \hat{\beta}_1 x_0 + \hat{\beta}_2 (x_0 - \bar{x})^2 = \hat{\beta}_0 + \hat{\beta}_1 \left(\bar{x} - \frac{\hat{\beta}_1}{2\hat{\beta}_2}\right) + \hat{\beta}_2 \left(\bar{x} - \frac{\hat{\beta}_1}{2\hat{\beta}_2} - \bar{x}\right)^2$$

$$= \hat{\beta}_0 + \hat{\beta}_1 \left(\bar{x} - \frac{\hat{\beta}_1}{2\hat{\beta}_2}\right) + \hat{\beta}_2 \left(\frac{\hat{\beta}_1}{2\hat{\beta}_2}\right)^2 = \hat{\beta}_0 + \hat{\beta}_1 \bar{x} - \frac{\hat{\beta}_1^2}{2\hat{\beta}_2} + \frac{\hat{\beta}_1^2}{4\hat{\beta}_2}$$

$$= \hat{\beta}_0 + \hat{\beta}_1 \bar{x} - \frac{\hat{\beta}_1^2}{4\hat{\beta}_2}$$

2次の項まで入れたときの回帰式は，

$$\hat{y}_0 = 89.160 + 3.918 x_i - 6.394 (x_i - 6.5)^2$$

である．すなわち，収量を最大にする温度 x_0 は，以下のようになる．

$$x_0 = \bar{x} - \frac{\hat{\beta}_1}{2\hat{\beta}_2} = 6.5 - \frac{3.918}{2 \times (-6.394)} = 6.5 + 0.306 = 6.806$$

したがって，収量を最大にする温度 x_0 は，$x_0 = 6.806$ である．このときの収量は，以下のように求められる．

$$\hat{y}_0 = \hat{\beta}_0 + \hat{\beta}_1 \bar{x}_1 - \frac{\hat{\beta}_1^2}{4\hat{\beta}_2} = 89.160 + 3.918 \times 6.5 - \frac{3.918^2}{4 \times (-6.394)}$$

$$= 89.160 + 25.467 + 0.600 = 115.227$$

また，一元配置分散分析にもとづいた場合の最適水準とそのときの最大値を求める．各水準の母平均の点推定値は，$\hat{\mu}_i = \bar{y}_i.$ より，

$\hat{\mu}_1 = \bar{y}_1. = 94.6$

$\hat{\mu}_2 = \bar{y}_2. = 110.4$

$\hat{\mu}_3 = \bar{y}_3. = 115.6$

$\hat{\mu}_4 = \bar{y}_4. = 105.9$

である．すなわち，$x=7.0$ のとき，$\hat{\mu}_3 = \bar{y}_3. = 115.6$ となり最適条件であるといえる．一元配置においても，グラフから $x=7.0$ より少し小さなところに最適水準がありそうであるといえるが，回帰分析をすることによって，具体的な候補を検討することができた．しかし，このとき求めた温度の水準では実験を実施していないため，確認実験は必要である．

4.1.2 二元配置法の実験データの解析

4.1.1 項では，1つの因子を取り上げて検討していた．2つの因子を取り上げて，すべての水準組合せで実験を行う方法を二元配置法とよぶ．4.1.1 項で検討していた温度の他に，加熱時間も合わせて収量を検討することを想定してみる．先ほどと同様に，同一条件での実験を繰り返す．同一条件での実験を繰り返すことで，実験の誤差の大きさを見積もることができる．

このような実験を計画することで，2つの因子間の交互作用の有無を検討することができる．交互作用とは，温度が50度のときには加熱時間が10分のときに収量が最大となるが，温度が高くなって70度のときには，加熱時間が5分のときに収量が最大となり，10分加熱すると収量が下がってしまうなど，水準の組合せによって，効果の大きさが異なることをいう．

いま，因子 A として温度の水準を a 種類設定し，因子 B として加熱時間の水準を b 種類設定し，それぞれの水準で n 回繰り返すことを想定する．ここで，因子 A の第 i 水準因子 B の第 j 水準の第 k 番目の実験データを y_{ijk} とし，因子 A について，水準の値を x_1 とし，因子 B について，水準の値を x_2 とする．一元配

4.1 中心複合計画を用いた応答曲面法

置のときに考えたように，それぞれの因子については，(水準数 -1) 次の項まで考えることができる．すなわち，因子 A について $a-1$ 次式を，因子 B について $b-1$ 次式を検討できる．ここで，水準の組合せによって，効果の大きさが異なることを表すための交互作用は，それぞれの積である $(a-1)(b-1)$ 次式まで検討できる．しかし，温度の 3 乗と加熱時間の 2 乗の交互作用などが存在したときに，そのメカニズムを検討することは難しいことが多いため，一般には，因子 A について 2 次式を，因子 B についても 2 次式を考慮し，交互作用は因子 A と因子 B の 1 次の積を考慮することが多いと考え，以下ではそのように設定して説明する．したがって，

$$y_{ijk}=\beta_0+\beta_1 x_1+\beta_2 x_2+\beta_{11}x_1^2+\beta_{22}x_2^2+\beta_{12}x_1 x_2+\varepsilon_{ijk} \tag{4.8}$$
$i=1,\cdots,a$
$j=1,\cdots,b$
$k=1,\cdots,n$
$\varepsilon_{ijk} \sim \mathrm{N}(0,\sigma^2)$

と仮定して分析する．ここで，回帰係数 β_1 と β_{11} は，因子 A の 1 次と 2 次の係数を，回帰係数 β_2 と β_{22} は，因子 B の 1 次と 2 次の係数を表す．β_{12} は，因子 A と因子 B の交互作用に関する係数である．ε_{ijk} は誤差であり，互いに独立に正規分布に従う．

以下では，温度と加熱時間に対する収量の関係を明らかにするため，温度を 4 水準，加熱時間を 4 水準設定して，それぞれ 2 回ずつ実験して得られたデータを用いて説明する．このとき，収量は大きいほうがよい．設定した水準の詳細を**表 4.10** に示し，**表 4.11** には，実験順序を完全ランダマイズして得られた

表 4.10 因子と水準

因子記号	因子	水準			
因子 A	温度($\times 10$℃)	5.0	6.0	7.0	8.0
因子 B	加熱時間(min.)	2.5	5.0	7.5	10.0

表 4.11　温度と加熱時間を変化させた収量のデータ

	B_1	B_2	B_3	B_4
A_1	74.4 75.6	104.2 98.4	105.7 105.1	75.1 82.2
A_2	100.5 98.7	110.0 114.6	113.5 123.2	98.4 99.8
A_3	96.1 95.1	103.7 113.1	115.9 118.4	92.7 104.2
A_4	84.1 83.5	114.6 100.9	101.8 105.3	81.3 84.2

データを示す．最適な条件を探すため，分析を進める．

　重回帰分析を用いて分析するときには，4.1.1 項で懸念したように，多重共線性が起こることが考えられる．したがって，2 乗および交互作用の項については，平均からの偏差を考えることにする．すなわち，想定する式は，

$$y_{ijk} = \beta_0 + \beta_1 x_1 + \beta_2 x_2 + \beta_{11}(x_1 - \bar{x}_1)^2 + \beta_{22}(x_2 - \bar{x}_2)^2$$
$$+ \beta_{12}(x_1 - \bar{x}_1)(x_2 - \bar{x}_2) + \varepsilon_{ijk} \tag{4.9}$$

として，それぞれの回帰係数を求める．最小 2 乗法を用いて，回帰係数を求めると，以下のようになる．

$$\hat{y} = 108.299 + 1.069 x_1 + 0.295 x_2 - 4.238(x_1 - 6.5)^2 - 1.183(x_2 - 6.25)^2$$
$$- 0.343(x_1 - 6.5)(x_2 - 6.25)$$

表 4.12 に回帰に関する分散分析表を示す．

表 4.12　回帰式に関する分散分析表

要因	S	ϕ	V	F_0
回帰	4998.4	5	999.68	47.9614**
残差	541.93	26	20.843	
合計	5540.33	31		

4.1 中心複合計画を用いた応答曲面法

分散分析表より有意となったので,回帰には意味があると考えられる.
二元配置のデータの構造式は,以下のようになる.

$$y_{ijk} = \mu + \alpha_i + \beta_j + (\alpha\beta)_{ij} + \varepsilon_{ijk} \tag{4.10}$$

そして,総平方和S_Tは,因子間平方和S_AとS_B,交互作用による平方和$S_{A \times B}$,そして誤差平方和S_Eに分解できるので,以下のようになる.

$$S_T = \sum_{i=1}^{a} \sum_{j=1}^{b} \sum_{k=1}^{n} (y_{ijk} - \bar{y})^2$$

$$= \sum_{i=1}^{a} \sum_{j=1}^{b} \sum_{k=1}^{n} \{(\bar{y}_{i..} - \bar{y}) + (\bar{y}_{.j.} - \bar{y}) + (\bar{y}_{ij.} - \bar{y}_{i..} - \bar{y}_{.j.} + \bar{y}) + (y_{ijk} - \bar{y}_{ij.})\}^2$$

$$= S_A + S_B + S_{A \times B} + S_E$$

目的変数の平方和S_Tは,各実験のデータy_{ijk}と全体の実験データの平均$\bar{y}$の偏差の平方和である.すなわち,自由度ϕ_Tは(全体のデータ-1)となるので,$\phi_T = abn - 1$である.

因子平方和S_Aは,A_i水準での実験データの平均$\bar{y}_{i..}$と全体の実験データの平均$\bar{y}$との偏差の平方和である.この平方和が大きいということは,因子Aの水準が変わったときに$\bar{y}_{i..}$が大きく変動することを示している.すなわち,因子に効果があるといえるため,因子平方和とよぶ.自由度$\phi_A = a - 1$である.因子Bについても同様に,B_j水準での実験データの平均$\bar{y}_{.j.}$と全体の実験データの平均$\bar{y}$との偏差の平方和を考え,その自由度ϕ_Bは,$\phi_B = b - 1$である.

交互作用による平方和$S_{A \times B}$は,因子Aと因子Bの主効果以外に,$A_i B_j$水準での実験データの平均$\bar{y}_{ij.}$が全体平均から上下しているかどうかについての項である.この項が大きいということは,水準組合せによって,効果の大きさが異なっていることを表す.自由度$\phi_{A \times B} = (a-1)(b-1)$である.

誤差平方和S_Eは,各実験のデータy_{ijk}と$A_i B_j$水準での実験データの平均$\bar{y}_{ij.}$との偏差の平方和である.すなわち,この平方和が大きいということは,同じ水準における,各実験のデータのばらつきが大きいことを示しているため,誤差平方和とよばれる.このときの自由度は,$\phi_E = ab(n-1)$である.

さらに,回帰分析では,総平方和S_Tが,回帰による平方和S_Rと,残差平方和S_eに分かれる.

$$S_T = S_R + S_e = \sum_{i=1}^{a}\sum_{j=1}^{b}\sum_{k=1}^{n}(\hat{y}_{ij}-\bar{y})^2 + \sum_{i=1}^{a}\sum_{j=1}^{b}\sum_{k=1}^{n}(y_{ijk}-\hat{y}_{ij})^2$$

回帰による平方和S_Rは,回帰式によって説明できる部分の平方和を表している.すなわち,A_iB_j水準での実験データの予測値$\hat{y}_{ij}$.が全体の実験データの平均$\bar{y}$との差である.その自由度ϕ_Bは,回帰式に用いた説明変数の数$\phi_R=p$である.

$$S_R = \sum_{i=1}^{a}\sum_{j=1}^{b}\sum_{k=1}^{n}(\hat{y}_{ij}-\bar{y})^2$$

残差平方和S_eは,誤差平方和S_Eと当てはまりの悪さの平方和S_{lof}に分けられる.その自由度である残差自由度ϕ_eは,全体の自由度から回帰による平方和の自由度を引いたものであるから,(全体のデータ -1)から説明変数の数を引いた,$\phi_e=abn-p-1$となる.また,誤差自由度は,$\phi_E=ab(n-1)$であり,

$$S_e = \sum_{i=1}^{a}\sum_{j=1}^{b}\sum_{k=1}^{n}(y_{ijk}-\hat{y}_{ij})^2 = \sum_{i=1}^{a}\sum_{j=1}^{b}\sum_{k=1}^{n}(y_{ijk}-\bar{y}_{ij.})^2 + \sum_{i=1}^{a}\sum_{j=1}^{b}\sum_{k=1}^{n}(\bar{y}_{ij.}-\hat{y}_{ij})^2$$

となる.当てはまりの悪さの自由度ϕ_{lof}は,残差自由度ϕ_eから誤差自由度ϕ_Eを引いた値である.すなわち,$\phi_{lof}=abn-p-1-\{ab(n-1)\}=abn-p-1-abn+ab=ab-p-1$となる.回帰による平方和と当てはまりの悪さの平方和については,誤差に対して有意かどうかを検討する.すなわち,表4.13に示す分散分析表を作成すればよい.

表4.13 回帰に関する分散分析表

要因	S	ϕ	V	F_0
R	S_R	p	V_R	$\dfrac{V_R}{V_E}$
lof	S_{lof}	$ab-p-1$	V_{lof}	$\dfrac{V_{lof}}{V_E}$
E	S_E	$ab(n-1)$	V_E	
合計	S_T	$abn-1$	V_T	

このとき，当てはまりの悪さが有意となった場合には，より高次の項や高次の交互作用項を追加して，同様の検討をするとよい．

表 4.11 に示したデータについての分散分析表は，以下の表 4.14 となる．

表 4.14 回帰に関する分散分析表

要因	S	ϕ	V	F_0
R	4998.4	5	999.68	49.8
lof	220.495	10	22.05	1.10
E	321.435	16	20.09	
合計	5540.33	31		

分散分析表から，当てはまりの悪さは有意でないので，得られた回帰式でよいことがわかる．回帰式に取り込まれている回帰係数の妥当性を検討するためには，対応する説明変数を含めた場合の回帰式と，含めない場合の回帰式の両方について，今回行ったような検討をすればよい．すなわち，当てはまりの悪さがどの程度変化するかを考察すればよい．例えば，因子 A の 2 次の項を入れるべきかどうかを考える場合，

$$y_{ijk} = \beta_0 + \beta_1 x_1 + \beta_2 x_2 + \beta_{11}(x_1 - \bar{x}_1)^2 + \beta_{22}(x_2 - \bar{x}_2)^2$$
$$+ \beta_{12}(x_1 - \bar{x}_1)(x_2 - \bar{x}_2) + \varepsilon_{ijk} \qquad (4.11)$$

$$y_{ijk} = \beta_0 + \beta_1 x_1 + \beta_2 x_2 + \beta_{22}(x_2 - \bar{x}_2)^2 + \beta_{12}(x_1 - \bar{x}_1)(x_2 - \bar{x}_2) + \varepsilon_{ijk} \qquad (4.12)$$

の両方について検討して，因子 A の 2 次の項を入れない式 (4.12) の当てはまりの悪さを検討し，有意となれば，2 次の項を入れた式 (4.11) の回帰式を採用するのがよい．ただし，高次の項を回帰式に含める場合には，それより低次の項は省略せず，回帰式に取り込むのがよい．

以上の検討に従って回帰式を求めることができれば，次に，目的変数を最適な値にする説明変数の条件を求める．すなわち，収量を最大にする温度と加熱時間の条件を設定する．すなわち，得られた回帰式の説明変数に因子 A について，水準の値を x_{10} とし，因子 B について，水準の値を x_{20} を代入した，

$$\hat{y}_0 = \hat{\beta}_0 + \hat{\beta}_1 x_{10} + \hat{\beta}_2 x_{20} + \hat{\beta}_{11} x_{10}^2 + \hat{\beta}_{22} x_{20}^2 + \hat{\beta}_{12} x_{10} x_{20} \tag{4.13}$$

を最適化すればよい．収量を最大にする条件は，得られた回帰式が

$$\hat{y} = 108.299 + 1.069 x_1 - 4.238(x_1 - 6.5)^2 + 0.295 x_2$$
$$- 1.183(x_1 - 6.25)^2 - 0.343(x_1 - 6.5)(x_2 - 6.25)$$

であり，これに因子 A について，水準の値を x_{10} とし，因子 B について，水準の値を x_{20} を代入したうえで整理すると

$$\hat{y} = 108.299 + 1.069 x_{10} - 4.238(x_{10}^2 - 13 x_{10} + 6.5^2) + 0.295 x_{20}$$
$$- 1.183(x_{20}^2 - 12.5 x_{20} + 6.25^2)$$
$$- 0.343(x_{10} x_{20} - 6.5 x_{20} - 6.25 x_{10} + 6.25 \times 6.5)$$
$$\hat{y} = -130.902 + 58.307 x_{10} + 17.312 x_{20} - 4.238 x_{10}^2$$
$$- 1.183 x_{20}^2 - 0.343 x_{10} x_{20}$$

となる．x_{10} および x_{20} の値を少しずつ変化させると，表 4.15 のようになる．

得られた予測値が等しい点を結んで，応答曲面を作成する．これまで，y を目的変数，x を説明変数とよんでいた．ここでは，y を応答とよび，量的な因子 x の両者の関係を応答曲面とよんでいる．この曲面は，分散分析よりも重回帰分析を用いているように，因子が量的であることを活用している．図 4.4 に示す曲面から，収量が最大となる点を見つけることができる．今回は，$x_{10} = 6.50$ および $x_{20} = 6.50$ 付近で最大の 117.09 となるように見える．

収量が最大となる x_{10} および x_{20} の値を精密に求めるためには，得られた回帰式をそれぞれ．x_{10} および x_{20} で偏微分すればよい．目的変数を最大にする点で回帰式の傾きが 0 となるからである．それぞれの変数で偏微分して得られた式が 0 に等しいとした連立方程式を解けばよい．x_{10} で偏微分をするときは，x_{10} だけを変数とみて微分すればよい．

$$\frac{\partial \hat{y}_0}{\partial x_{10}} = \hat{\beta}_1 + 2 \hat{\beta}_{11} x_{10} + \hat{\beta}_{12} x_{20} = 0$$

$$\frac{\partial \hat{y}_0}{\partial x_{20}} = \hat{\beta}_2 + 2 \hat{\beta}_{22} x_{20} + \hat{\beta}_{12} x_{10} = 0$$

連立方程式の解が，目的変数を最適とする条件となる．最適値を求めるため

4.1 中心複合計画を用いた応答曲面法

表 4.15 推定結果

温度 \ 加熱時間	2.5	3.0	3.5	4.0	4.5	5.0	5.5	6.0	6.5	7.0	7.5	8.0	8.5	9.0	9.5	10.0
5.00	86.28	90.83	94.78	98.14	100.91	103.09	104.68	105.68	106.08	105.89	105.12	103.75	101.78	99.23	96.09	92.35
5.25	89.78	94.29	98.20	101.52	104.24	106.38	107.92	108.88	109.24	109.01	108.19	106.78	104.77	102.18	98.99	95.21
5.50	92.76	97.22	101.08	104.36	107.04	109.14	110.64	111.55	111.87	111.60	110.73	109.28	107.23	104.59	101.36	97.54
5.75	95.20	99.62	103.44	106.67	109.32	111.37	112.83	113.69	113.97	113.65	112.75	111.25	109.16	106.48	103.21	99.34
6.00	97.11	101.49	105.27	108.46	111.06	113.07	114.48	115.31	115.54	115.18	114.23	112.69	110.56	107.83	104.52	100.61
6.25	98.50	102.83	106.57	109.71	112.27	114.23	115.61	116.39	116.58	116.18	115.19	113.60	111.43	108.66	105.30	101.35
6.50	99.35	103.64	107.33	110.44	112.95	114.87	116.20	116.94	117.09	116.65	115.61	113.98	111.77	108.96	105.55	101.56
6.75	99.67	103.92	107.57	110.63	113.10	114.98	116.27	116.97	117.07	116.59	115.51	113.84	111.58	108.72	105.28	101.24
7.00	99.47	103.67	107.28	110.30	112.73	114.56	115.81	116.46	116.52	115.99	114.87	113.16	110.86	107.96	104.47	100.39
7.25	98.73	102.89	106.46	109.44	111.82	113.61	114.82	115.43	115.44	114.87	113.71	111.95	109.61	106.67	103.14	99.01
7.50	97.47	101.58	105.11	108.04	110.38	112.13	113.29	113.86	113.84	113.22	112.01	110.22	107.83	104.84	101.27	97.11
7.75	95.67	99.74	103.23	106.12	108.42	110.12	111.24	111.77	111.70	111.04	109.79	107.95	105.52	102.49	98.88	94.67
8.00	93.35	97.38	100.82	103.66	105.92	107.59	108.66	109.14	109.03	108.33	107.04	105.15	102.68	99.61	95.95	91.70

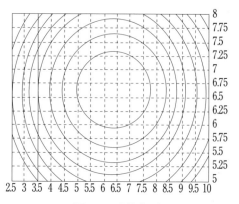

図 4.4 応答曲面

には，得られた解である x_{10} および x_{20} を回帰式に代入すればよい．

$$\frac{\partial \hat{y}_0}{\partial x_{10}} = 58.307 - 2 \times 4.238 x_{10} - 0.343 x_{20} = 0$$

$$\frac{\partial \hat{y}_0}{\partial x_{20}} = 17.312 - 2 \times 1.183 x_{20} - 0.343 x_{10} = 0$$

$$8.476 x_{10} + 0.343 x_{20} = 58.307$$

$$0.343 x_{10} + 2.366 x_{20} = 17.312$$

これを解くと，$x_{10} = 6.62$ および $x_{20} = 6.36$ となる．このときの収量は，

$$\hat{y} = -130.902 + 58.307 \times 6.62 + 17.312 \times 6.36$$
$$\quad - 4.238 \times 6.62^2 - 1.183 \times 6.36^2 - 0.343 \times 6.62 \times 6.36$$
$$= 117.17$$

となり，収量の最大値の推定値を 117.17 と求めることができる．

4.1.3　中心複合計画

先ほどの二元配置を重回帰式にもとづいて分析した事例でみたように，ある目的変数を最適な値にする説明変数の値を出したいことがある．その際，量的な説明変数をうまく設定することで，効率的に応答曲面を作成し，最適な条件

4.1 中心複合計画を用いた応答曲面法

を探索できる.すなわち,温度を 50, 60, 70 度と設定するのがよいか,55, 60, 65 のように設定するのがよいかなどを検討する必要がある.

応答曲面を推定する計画がもつべき性質として,『実験計画法—方法編—』（山田秀,日科技連出版社）では以下のような性質を挙げている.

① 実験点が興味のある領域に合理的に配置されている.
② モデルの妥当性がチェックできる.
③ ブロックを導入した計画が構成できる.
④ 逐次的に,より高次のモデルを構成できる.
⑤ 誤差を推定できる.
⑥ 母数を精度よく推定できる.
⑦ 実験領域全体において,応答の予測精度がよい.
⑧ 外れ値,欠測値に対して頑健である.
⑨ 多数の実験を必要としない.
⑩ 多くの水準数を必要としない.

これらの性質をすべて満たすことは難しいが,全体を考慮しつつ,バランスの良い実験を計画するとよい.これらの性質をバランス良く満たす計画の1つに,中心複合計画がある.因子と応答との関係は,高次の項や高次の交互作用項を想定することもできるが,最適条件を求めたい興味のある範囲は限定的であり,そのなかでは比較的単純な1次式や2次式を想定して解析する.すなわち,**4.1.2項**で見てきたような,因子の2次の項までと,1次の項同士の交互作用までを考える.

中心複合計画は,このような比較的単純なモデルを想定した際に,計画すべき実験であるといえる.いま,**4.1.2項**と同様に,応答 y と因子 x_1, x_2 について,2次の項と1次の交互作用を考えると,以下の式を考えることができる.

$$y_{ijk} = \beta_0 + \beta_1 x_1 + \beta_2 x_2 + \beta_{11} x_1^2 + \beta_{22} x_2^2 + \beta_{12} x_1 x_2 + \varepsilon_{ijk} \tag{4.14}$$

このとき,1次の効果および交互作用を推定するための計画と,2次の効果を推定するための計画と,中心点での繰返しの計画とを複合させて計画を中心複合計画とよぶ.

回帰式から，β_0, β_1, β_2, β_{12} を推定することを考える．それぞれの因子に対して，2水準を設定した合計4回の実験を計画すればよい．表4.16に実験の計画を示す．

表4.16 2つの因子に対する2水準の実験の計画

実験 No.	x_1	x_2
1	-1	-1
2	-1	1
3	1	-1
4	1	1

このように4回の実験をすることで，それぞれを推定できる．この計画を2水準要因計画とよぶ．

次に，β_{11}, β_{22} を推定することを考える．これらを推定するためには，最低でもそれぞれ3水準の実験が必要となる．このとき，3つの水準を定める方法の1つとして，$-\alpha$, 0, α という3点を取り上げる方法がある．ある因子について α, $-\alpha$ としたときには，他の因子は0とするため，軸上に点が来ることから，これらの点を軸上点とよぶ．すべての因子について0とした実験は，中心になることから，中心点とよぶ．軸上点と中心点を設定すれば，β_{11}, β_{22} の推定が可能となる．さらに，誤差の大きさを把握するため，実験の繰返しを中心点で行う．表4.17に実験の計画を示す．

表4.17では，軸上点を4つとっている．さらに，中心点での繰返しを4回実施することにした．

表4.16の計画と表4.17の計画とを合わせた計画を中心複合計画とよぶ．

まずは，2因子の場合の中心複合計画を図4.5に，3因子の場合の中心複合計画を図4.6に示す．

図4.5では，横軸にx_1，縦軸にx_2をとっている．それぞれの点の近くには，表4.18で示した実験No.を記載している．実験No.1〜4は，それぞれ2水準

4.1 中心複合計画を用いた応答曲面法

表 4.17 2つの因子に対する軸上点の計画と中心点の繰返し

実験 No.	x_1	x_2
5	α	0
6	$-\alpha$	0
7	0	α
8	0	$-\alpha$
9	0	0
10	0	0
11	0	0
12	0	0

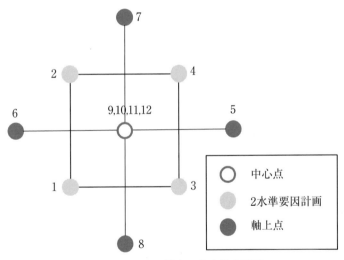

図 4.5 2因子の場合の中心複合計画

要因計画の点である．実験 No.5〜8 は，軸上点であり，それぞれの軸上に配置しており，それ以外の因子については，0 をとるようにしている．実験 No.9〜12 は，中心点であり，原点をとっており，4回繰り返している．このとき，$\alpha=\sqrt{2}$ とすれば，実験 No.1〜4 と実験 No.5〜8 のすべての点は，原点

からの距離が等しく，$\sqrt{2}$ となる．

図 4.6 では，3 つの因子を取り上げている．3 次元上に点をとっているが，図 4.5 と同様に考えればよい．このとき，2 水準要因計画の点を，それぞれ ± 1 の組合せでとり，$\alpha = \sqrt{3}$ とすれば，中心点以外のすべての点は，原点からの距離が等しく，$\sqrt{3}$ となる．

表 4.18 のようにして実験を計画しているが，各種のことを決定しながら決めている．すなわち，中心複合計画を決定する際に考慮すべき点としては，
① 因子を 2 水準取り上げて 1 次の効果を推定するための 2 水準要因計画
② 軸上点の α の決定
③ 中心点での繰返し数の決定

が挙げられる．以下では，それぞれについて述べる．

2 水準要因計画は，それぞれの因子の 1 次の効果と，それぞれの因子の 1 次同士の交互作用の効果を推定するために行う．これらを推定するためには，2 水準要因計画を用いればよい．すなわち，因子 x_i の水準を -1 と 1 の 2 水準について，すべての水準の組合せで実験する．図 4.5 では，2 因子を取り上げている．この場合，4 回の実験を行えばよい．図 4.6 では，3 因子を取り上げ

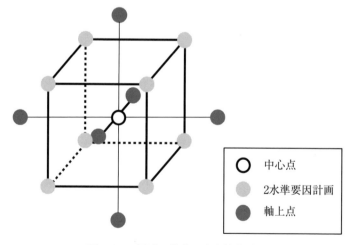

図 4.6　3 因子の場合の中心複合計画

4.1 中心複合計画を用いた応答曲面法

表 4.18 　中心複合計画

実験 No.	x_1	x_2
1	-1	-1
2	-1	1
3	1	-1
4	1	1
5	α	0
6	$-\alpha$	0
7	0	α
8	0	$-\alpha$
9	0	0
10	0	0
11	0	0
12	0	0

ており，8回の実験を行えばよい．4因子以上についても，因子数をpとするとき，2^p回の実験を考えればよい．しかし，因子数が多くなるにつれて，必要な実験回数が増えてしまう．このような2水準要因計画は，それぞれの因子の1次の効果と，それぞれの因子の1次同士の交互作用の効果を推定できるが，同時に3因子の交互作用など，さまざまな交互作用の組合せについても同時に推定できる．しかし，3水準の交互作用など，実際に存在したとしてもメカニズムを考えることが難しい．また，最適条件を探したい興味の範囲は，そこまで広いことは考えられず，比較的単純なモデルを考慮するという前提に立ち，高次の交互作用を無視することにして，その代わりに実験回数を減らすことを考える．これを，2水準の一部実施要因計画とよぶ．

いま，因子数を6としてみよう．$2^6=64$回の実験によって，高次の交互作用も検討できるが，一部実施要因計画では，半分の32回の実験を行えばよい．8因子の場合には，$2^8=256$回の実験となるが，一部実施要因計画では，4分の

1の64回の実験を行って推定する．

次に，軸上点のαについて考える．軸上点の計画は，それぞれの因子の2次の効果を推定するために行う．先ほど触れたように，3水準の実験を行うことを考える．したがって，実験回数は3^p回となる．しかし，因子数の増加に従って，2水準要因計画と比べても，さらに実験回数が多くなってしまう．そこで，中心点も考慮し，それぞれ2水準の実験を行うこととする．

すなわち，因子$x_1, x_2, \cdots, x_p$に対して，まずx_1について$(\alpha, 0, \cdots, 0), (-\alpha, 0, \cdots, 0)$というようにして2水準を設定し，$(0, 0, \cdots, \alpha), (0, 0, \cdots, -\alpha)$までの$2p$回の実験を計画する．さらに，$\alpha$の値を決定する必要がある．ここでは，2つの考え方を紹介する．1つ目は，先ほど書いたように，2因子のときには$\alpha=\sqrt{2}$とする方法である．これは，因子数をpとするとき，$\alpha=\sqrt{p}$とする方法である．こうすることで，2水準要因計画と軸上点のすべては，地原点からの距離が等しくなるため，図4.5や図4.6で見たようにバランスよく配置されているといえる．因子数をpのときにも，p次元上に，実験の各計画がバランスよく配置されているといえる．もう1つの考え方は，因子数によらず，$\alpha=1$とする方法である．図4.5に対応させた形で実験の計画を示すと，図4.7になる．図4.5では，因子x_1について，$-\sqrt{2}, -1, 0, 1, \sqrt{2}$の5通りを考える必要があるが，図4.7では，$-1, 0, 1$を考えればよい．一般に，水準の変更は実験を困難にするため，実験が容易になるという点で優れているといえる．

最後に，中心点での繰返し数の決定である．中心点は，実験のばらつきを見積もるために行う．さらに，当てはまりの悪さの検定を行うこともできるようになる．繰返し数の決定に当たって，数理的な目安はないとされている．したがって，実験の際に自由に決定してよい．目安として3〜5回とするとよいといわれている．

このようにして中心複合計画に従って，実験の計画を定めたら，そのとおりに実験を行う．実験順序はランダムに行う．その後，得られた応答yに対して，最小2乗法を適用して回帰式を求める．$x_1, x_2, \cdots, x_p$の因子がある場合を考

4.1　中心複合計画を用いた応答曲面法

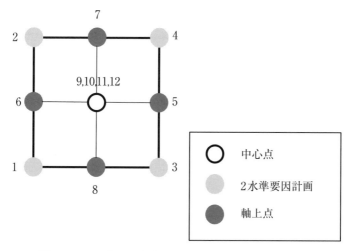

図 4.7　$\alpha=1$ とした場合の 2 因子の場合の中心複合計画

えてみる．2次のモデルを考えてみたとき，応答が最小または最大となる場合の水準の組合せを求めるためには，回帰式をそれぞれの因子で偏微分して 0 と置いたときの連立方程式の解を求めればよい．

すなわち，

$$\frac{\partial \hat{y}}{\partial x_1} = 0$$

$$\frac{\partial \hat{y}}{\partial x_2} = 0$$

$$\vdots$$

$$\frac{\partial \hat{y}}{\partial x_p} = 0$$

を解けばよい．この連立方程式の解を停留点とよぶ．

一方で，連立方程式の階が存在したとしても，応答が最小または最大となるとは限らない．いま，$y = x_1^2 + x_2^2$ を考えてみる．x_1, x_2 でそれぞれ偏微分してみると，

$$\frac{\partial \hat{y}}{\partial x_1} = 2x_1 = 0$$

$$\frac{\partial \hat{y}}{\partial x_2} = 2x_2 = 0$$

であるから，$(x_1, x_2)=(0, 0)$ が連立方程式の解となり，停留点を求めることができた．このとき，$y=0$ となり，応答が最小になることがわかる．一方，$y=x_1^2-x_2^2$ の場合は，x_1，x_2 でそれぞれ偏微分してみると，

$$\frac{\partial \hat{y}}{\partial x_1} = 2x_1 = 0$$

$$\frac{\partial \hat{y}}{\partial x_2} = -2x_2 = 0$$

であるから，$(x_1, x_2)=(0, 0)$ が連立方程式の解となる．しかし，$y=0$ は最大でも最小でもない．例えば，$(x_1, x_2)=(1, 0)$ のとき，$y=1^2-0^2=1$ となり，$(x_1, x_2)=(0, 1)$ のとき，$y=0^2-1^2=-1$ となる．図 4.8 と図 4.9 には，$y=x_1^2-x_2^2$ のグラフを示す．馬の鞍のように見えるため，このような点を鞍点とよぶ．

2 因子や 3 因子の場合に，微分した式の連立方程式の解として求めた点が鞍

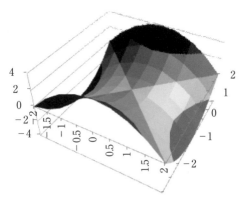

図 4.8 $y=x_1^2-x_2^2$ の 3 次元グラフ

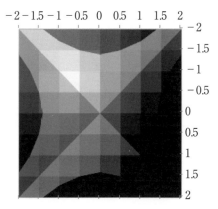

図 4.9　$y = x_1^2 - x_2^2$ の等高線

点であるか，求めたい点であるかどうかを検討するためには，このようにして，因子の組合せで等高線を描いて判断するのがよい．実際に値を代入してみて検討することも有用であろう．

4.2　ロジスティック回帰

ロジスティック回帰とは，ロジスティックモデルに基づいて回帰式を作成することを指す．ロジスティックモデルとは，図 4.10 に示すような曲線である．式で表すと，

$$f(z) = \frac{1}{1 + e^{-z}} \tag{4.14}$$

となる．式 (4.14) の z が長くなると，式が見にくくなるので，e^{-z} を $\exp(-z)$ と書き表して，

$$f(z) = \frac{1}{1 + \exp(-z)} \tag{4.15}$$

と書くこともあるが，式 (4.14) と式 (4.15) は，まったく同じ意味である．

図から見てもわかるように，この関数によってとり得る値は 0～1 の間である．式からも，以下のようになる．

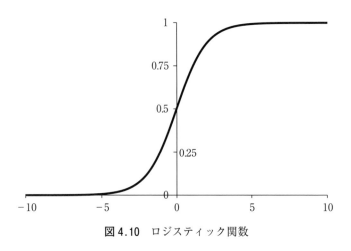

図 4.10　ロジスティック関数

$$f(\infty) = \frac{1}{1+e^{-\infty}} = 1$$

$$f(-\infty) = \frac{1}{1+e^{\infty}} = 0$$

また，$z=0$ のときには，以下のようになる．

$$f(0) = \frac{1}{1+e^{-0}} = \frac{1}{1+1} = \frac{1}{2}$$

これまで，単回帰分析・重回帰分析では，目的変数を収量などとしてきた．収量は，0以上の値をとることができる．すなわち，連続的にとることのできる値としてきた．一方で，不良率など0〜1までの値を目的変数として回帰分析を行うときには，これまでの回帰分析ではなく，このロジスティック回帰を用いると便利である．収量のように連続的な値であれば，正規分布を仮定して分析できた．しかし，不良率などの割合の場合には，二項分布を仮定するとよい．目的変数を，後述するロジット変換することによって，二項分布に従う目的変数の直線への近似の程度と等分散性を向上させることができる．

ロジスティックモデルを用いて回帰分析を行うことは，すなわち

$$z = a + b_1 x_1 + b_2 x_2 + \cdots + b_p x_p + \varepsilon$$

4.2 ロジスティック回帰

となる回帰式によって，

$$f(z) = \frac{1}{1+e^{-z}}$$

と当てはめられないかを検討することである．すなわち，以下のような式を考えていることになる．

$$f(z) = \frac{1}{1+e^{-z}} = \frac{1}{1+\exp(a+b_1 x_1 + b_2 x_2 + \cdots + b_p x_p)} \quad (4.16)$$

ここで，例えば，表 4.19 に示すような，ある添加剤の添加量と良品率の関係について分析する．

表 4.19 添加量と良品率のデータ

添加量	良品	不良品	良品率
5	1	99	0.01
10	2	98	0.02
15	7	93	0.07
20	16	84	0.16
25	30	70	0.30
30	48	52	0.48
35	66	34	0.66
40	79	21	0.79
45	88	12	0.88
50	93	7	0.93
55	96	4	0.96
60	98	2	0.98

添加剤の量を説明変数 x_i とし，良品率 p_i を目的変数とすると，割合に関する回帰式は，説明変数 x_i に対する母良品率 π_i を用いて以下のように考えることができる．

$$p_i = \pi_i + \varepsilon_i = a + b_1 x_i + \varepsilon_i$$

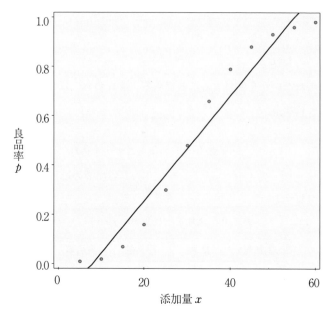

図 4.11　添加量と良品率の散布図および回帰直線

　添加量と良品率の関係を散布図に表すと，図 4.11 のようになる．

　図 4.11 より，単回帰式が有効になっている箇所はほとんどないことがわかる．良品率が 0.5 の付近は，回帰式と実測値が近くなっている．しかし，0.5 を超えたところでは回帰式が実測値を下回り，0.9 を超えたあたりで回帰式が実測値を上回っている．すなわち，良品率が 0 や 1.0 付近では，添加量の変化に対して，さほど変化しないため，全体としては S 字状のカーブを描いているものに，1 次式を当てはめているために，データの全体的な傾向をほとんど表していないことがわかる．したがって，散布図上の各点を直線的にとらえるために，目的変数 p をロジット変換する．ロジット変換とは，以下のように変換することである．

$$z = \ln\left(\frac{p}{1-p}\right) = \log_e\left(\frac{p}{1-p}\right)$$

　これにもとづいて，回帰式を求めてみると，

4.2 ロジスティック回帰

$$\ln\left(\frac{p}{1-p}\right) = a + b_1 x_i + \varepsilon$$

となる．しかし，p が 0 のときにロジット変換した値は $-\infty$ となり，p が 1 のときにロジット変換した値は ∞ となってしまう．そこで，それぞれの添加量で作成した全体の個数 n および良品の個数 r にそれぞれ 1 と 0.5 を足して，$p = \dfrac{r}{n}$ であったものを

$$p^* = \frac{r + 0.5}{n + 1}$$

と変換する．すなわち，

$$z^* = \ln\left(\frac{p^*}{1 - p^*}\right)$$

と変換して，回帰式を求める．この変換を経験ロジット変換とよぶ．

良品率を経験ロジット変換した散布図は，図 4.12 のようになる．先ほどの

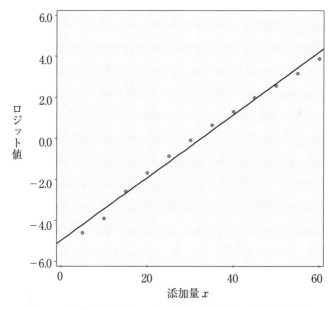

図 4.12　添加量と経験ロジット値の散布図および回帰直線

図と比較して，データが直線上に近づいていることがわかる．

経験ロジット変換した目的変数に最小2乗法を用いて作成した回帰式は，

$$z^* = -4.973 + 0.153x$$

である．このときの寄与率は，0.995である．

ここで，本書の **2.1節** で触れたように，誤差について条件が付いていた．すなわち，以下の4条件である．

① 期待値が0（不偏性ともいう）　$E(\varepsilon) = 0$ となる．
② 等分散性　分散が一定で，$V(\varepsilon) = \sigma^2$ となる．
③ 独立性　互いに独立である．
④ 正規性　正規分布に従う．

ここで，二項分布の分散は，

$$V[p_i] = \frac{\pi_i(1-\pi_i)}{n_i} \tag{4.17}$$

である．これをロジット変換した値 z_i は，近似的に

$$V[z_i] \approx \frac{1}{\pi_i(1-\pi_i)n_i} \tag{4.18}$$

と書ける．したがって，どちらも②の等分散性の条件を満たさない．なぜなら，両式には π_i と n_i が含まれており，これらの値が変わることで分散の値が変わってしまうからである．したがって，最小2乗法を用いて回帰式を求めることは適切とはいえない．このようなときに，最小2乗法の代わりに回帰係数を求める方法に，最尤法(さいゆうほう)がある．なお，最尤法の尤の字は，訓読みで「尤(もっと)も」というときに用いる．添加剤の量が x_i のときに，1つが良品となる確率を $\pi(x_i)$ とすると，不良品の確率は $1-\pi(x_i)$ と書ける．さらに，良品が得られるときを $y_i = 1$，不良品が得られるときを $y_i = 0$ とする．いま，ある1つに着目して，y_i である確率 π_i は，以下のように書ける．

$$\pi_i = \pi(x_i)^{y_i} 1 - \pi(x_i)^{1-y_i}$$

このとき，n 個について，$y_1, y_2, \cdots, y_n$ となる確率は，それぞれの確率 $\pi_1, \pi_2, \cdots, \pi_n$ の積として書ける．これを尤度(ゆうど)といい，以下のように定義される．

4.2 ロジスティック回帰

$$L = \prod_{i=1}^{n} \pi_i = \prod_{i=1}^{n} \pi(x_i)^{y_i} 1 - \pi(x_i)^{1-y_i} \tag{4.19}$$

この尤度を最大にするような回帰係数を求める方法が最尤法である．実際に回帰係数を求めるときには，尤度の対数をとって最大化することを考える．対数をとることで，積の計算が和となり，計算が容易になるためである．

$$\ln(L) = \sum_{i=1}^{n} \pi_i = \sum_{i=1}^{n} \pi(x_i)^{y_i} 1 - \pi(x_i)^{1-y_i}$$

以上に従って求めた回帰式は，以下のとおりである．

$$z = -4.670 + 0.149 x_i$$

これまでと同様に，回帰に意味があるかどうかの検討を行う．最尤法を用いて求めた回帰式を検定するには，尤度比検定量を用いる．尤度比検定量は，ある回帰式(例えば，定数項だけが含まれた回帰式)での対数尤度$\ln L_0$と，添加量xを説明変数として取り込んだ回帰式の対数尤度$\ln L_1$の変化量を評価する．これが2つの回帰式の説明変数の差を自由度とするχ^2分布に従うことを利用して検定する．

尤度比検定量は，

$$-2\{\ln L_1 - \ln L_0\} \tag{4.20}$$

である．回帰式の寄与率を評価する際には，以下の尤度比寄与率を用いる．

$$\frac{\ln L_0 - \ln L_1}{\ln L_0} = 1 - \frac{\ln L_1}{\ln L_0}$$

また，回帰式に不要な変数を取り込んだ場合に寄与率が小さくなるように，回帰式が用いている説明変数の数mを引いて定義をした自由度二重調整寄与率を用いて，回帰式の善し悪しを評価することもある．例えば，以下がその評価の式である．

$$1 - \frac{\ln L_1 - m}{\ln L_0}$$

表のデータにもとづいて尤度比検定量を求めると，819.429となる．したがって，自由度1のχ^2分布より5%有意なのは3.84よりも大きいときである．

このとき，回帰式は有意であり，回帰に意味があるといえる．また，尤度比寄与率は，0.493 となる．尤度比寄与率では，通常に求めた寄与率の値と比べて低い値が出てしまう．前述したように，最小2乗法を用いて求めた回帰式の寄与率は，0.995 と高かった．この両者を単純に比較することはできない．通常の寄与率と同じような評価をしたい場合には，p と $\hat{\pi}$ の相関係数の2乗を求めればよい．

次に，残差の検討を行う．残差には，逸脱度残差とピアソン残差がある．逸脱度残差 de_i は，実測値 p_i と予測値 $\hat{\pi}_i$ の対数尤度の差を規準化した残差であり，以下のようになる．

$$de_i = \sqrt{2|\ln L(p_i) - \ln L(\pi_i)|} \qquad (4.21)$$

ルートの計算では常に正の値が出るので，正負の符号を表現するため，$p_i > \pi_i$ のときは，正のままとし，$p_i < \pi_i$ のときは，負の値とする．

ピアソン残差 pe_i は，実測値 p_i と予測値 $\hat{\pi}_i$ の差を，標準誤差で規準化した残差であり，以下のようになる．

$$pe_i = \frac{p_i - \hat{\pi}_i}{\sqrt{\frac{\pi_i(1-\pi_i)}{n_i}}} \qquad (4.22)$$

両者の残差とも，単回帰分析で残差を検討した際の基準と同様に評価すればよい．

残差と同様に，テコ比 h_{ii} も求めることができる．ロジスティック回帰でのテコ比では，目的変数の値によって，重みが変わる．説明変数と目的変数の両方の変化の影響を受ける．

$$h_{ii} = w_i \left\{ \frac{1}{\sum_{k=1}^{n} w_k} + \frac{(x_i - \bar{x}^*)^2}{S_{xx}^*} \right\}$$

ここで，以下のようになる．

$$\bar{x}^* = \frac{\sum_{i=1}^{n} w_i x_i}{\sum_{i=1}^{n} w_i}$$

$$S_{xx}^* = \sum_{i=1}^{n} w_i (x_i - \bar{x}^*)^2$$

残差およびテコ比を計算した結果を，表 4.20 に示す．

表 4.20 残差とテコ比

観測値	予測値	逸脱度残差	ピアソン残差	テコ比
0.01	0.019	−0.750	−0.681	0.100
0.02	0.040	−1.128	−1.022	0.142
0.07	0.081	−0.408	−0.400	0.185
0.16	0.157	0.092	0.093	0.211
0.30	0.282	0.408	0.410	0.208
0.48	0.453	0.549	0.550	0.192
0.66	0.636	0.508	0.506	0.196
0.79	0.786	0.088	0.088	0.208
0.88	0.886	−0.186	−0.187	0.197
0.93	0.942	−0.520	−0.537	0.162
0.96	0.972	−0.678	−0.720	0.119
0.98	0.986	−0.524	−0.561	0.080

2種類の残差より，±3σを超える残差はなさそうである．今回は，ヒストグラムを描くほどのデータがないので省略するが，残差が正規分布であるかどうかの検討をするとよい．

さらに，時系列的に意味があるデータであれば，残差の時系列プロットをするとよい．今回は，添加量の順に並んでいるためプロットは省略する．実験の順序や時間的・空間的な前後関係がある場合にはその順序に従ってプロットす

ることで，求めた回帰式に問題がないかどうかを検討できる．その際の視点としては，上昇や下降の傾向がないか，周期的な変動の有無，曲線の有無，残差の大きさ，外れ値のパターンなどがある．単回帰分析で検討したように，ダービン・ワトソン比を検討して前後の相関関係に着目することもよい．

次に，横軸に説明変数をとり，縦軸に残差をプロットして散布図を描く．残差が等分散になっているか，残差と説明変数の相関がないかどうか，2次関数など曲線的な傾向がないかどうかをチェックする．

以下では，逸脱度残差de_iと説明変数x_i（添加量）の散布図を図 4.13 に，ピアソン残差pe_iと説明変数x_iの散布図を図 4.14 に示す．

図より，点の並び方には2次もしくは高次の傾向があると思われる．さらに，逸脱度残差とテコ比の散布図を図 4.15 に，ピアソン残差とテコ比の散布図を図 4.16 に示す．これらの図からは，とくに問題となりそうな点は見当たらな

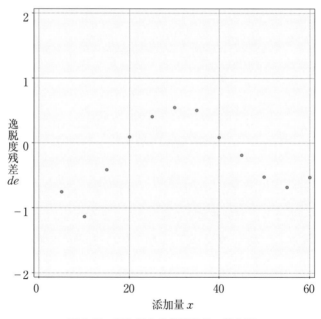

図 4.13　添加量と逸脱度残差の散布図

4.2 ロジスティック回帰

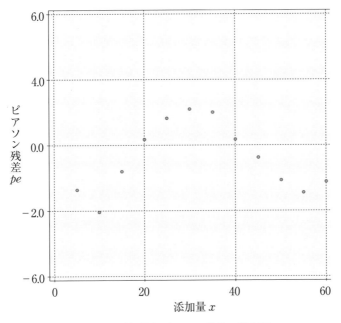

図 4.14 添加量とピアソン残差の散布図

い.

以上の検討を踏まえて，回帰式を用いることが妥当と判断された場合には，回帰式をもとに予測を行う．今回は，図 4.13，図 4.14 で見たように残差と説明変数 (添加量) の散布図から気になる点はあるが，このまま予測を行うことにする．まず，得られたロジスティック回帰の式に，予測したい説明変数の値 x_0 を代入する．そうすると，ロジット変換後の予測値 $\hat{z}_0$ が求められる．今回は，$z=-4.670+0.149 x_i$ に代入する．例えば，$x_0=30$ としてみると，$z=-4.670+0.149\times 30=-0.200$ となる．このときの 95% 信頼区間は，上側信頼限界 z_U，下側信頼限界 z_L として

$$z_U = \hat{z}_0 + 1.96 \sqrt{\dfrac{1}{\sum\limits_{k=1}^{n} w_k} + \dfrac{(x_0 - \bar{x}^*)^2}{S_{xx}^*}}$$

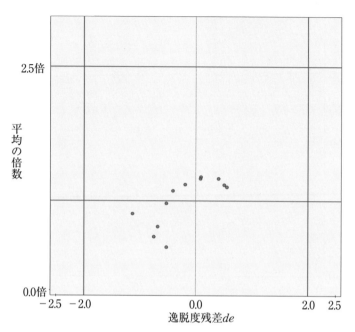

図 4.15 逸脱度残差とテコ比の散布図

$$z_L = \hat{z}_0 - 1.96 \sqrt{\frac{1}{\sum_{k=1}^{n} w_k} + \frac{(x_0 - \overline{x}^*)^2}{S_{xx}^*}}$$

のように求められる．したがって，説明変数の値x_0のもとでの割合$\hat{\pi}_0$の予測値は，

$$\hat{\pi}_0 = \frac{1}{1 + \exp(-z_0)}$$

と書ける．したがって，

$$\hat{\pi}_0 = \frac{1}{1 + \exp(0.200)} = \frac{1}{1 + 1.22} = 0.45$$

となる．また，同様にして，95%信頼区間は，$\pi_U = 0.50$，$\pi_L = 0.41$と求められる．

4.2 ロジスティック回帰

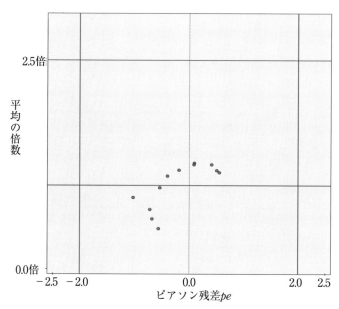

図 4.16 ピアソン残差とテコ比の散布図

付　表

付表 1　正規分布表（Ⅰ）……………………………… 172
付表 2　t 表 ……………………………………………… 173
付表 3　χ^2 表 ……………………………………………… 174
付表 4　F 表（0.5％）…………………………………… 175
付表 5　F 表（5％，1％）……………………………… 176
付表 6　F 表（2.5％）…………………………………… 178
付表 7　F 表（10％）…………………………………… 179
付表 8　F 表（25％）…………………………………… 180
付表 9　z 変換図表 ……………………………………… 181
付表10　r 表 ……………………………………………… 182

出　典
　　森口繁一，日科技連数値表委員会（代表：久米均）編：『新編 日科技連数値表
　　―第2版―』（日科技連出版社，2009年）から許可を得て転載．

付表1 正規分布表(I)

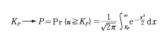

$$K_P \longrightarrow P = \Pr\{u \geq K_P\} = \frac{1}{\sqrt{2\pi}} \int_{K_P}^{\infty} e^{-\frac{x^2}{2}} dx$$

(K_P から P を求める表)

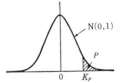

K_P	*=0	1	2	3	4	5	6	7	8	9
0·0*	·5000	·4960	·4920	·4880	·4840	·4801	·4761	·4721	·4681	·4641
0·1*	·4602	·4562	·4522	·4483	·4443	·4404	·4364	·4325	·4286	·4247
0·2*	·4207	·4168	·4129	·4090	·4052	·4013	·3974	·3936	·3897	·3859
0·3*	·3821	·3783	·3745	·3707	·3669	·3632	·3594	·3557	·3520	·3483
0·4*	·3446	·3409	·3372	·3336	·3300	·3264	·3228	·3192	·3156	·3121
0·5*	·3085	·3050	·3015	·2981	·2946	·2912	·2877	·2843	·2810	·2776
0·6*	·2743	·2709	·2676	·2643	·2611	·2578	·2546	·2514	·2483	·2451
0·7*	·2420	·2389	·2358	·2327	·2296	·2266	·2236	·2206	·2177	·2148
0·8*	·2119	·2090	·2061	·2033	·2005	·1977	·1949	·1922	·1894	·1867
0·9*	·1841	·1814	·1788	·1762	·1736	·1711	·1685	·1660	·1635	·1611
1·0*	·1587	·1562	·1539	·1515	·1492	·1469	·1446	·1423	·1401	·1379
1·1*	·1357	·1335	·1314	·1292	·1271	·1251	·1230	·1210	·1190	·1170
1·2*	·1151	·1131	·1112	·1093	·1075	·1056	·1038	·1020	·1003	·0985
1·3*	·0968	·0951	·0934	·0918	·0901	·0885	·0869	·0853	·0838	·0823
1·4*	·0808	·0793	·0778	·0764	·0749	·0735	·0721	·0708	·0694	·0681
1·5*	·0668	·0655	·0643	·0630	·0618	·0606	·0594	·0582	·0571	·0559
1·6*	·0548	·0537	·0526	·0516	·0505	·0495	·0485	·0475	·0465	·0455
1·7*	·0446	·0436	·0427	·0418	·0409	·0401	·0392	·0384	·0375	·0367
1·8*	·0359	·0351	·0344	·0336	·0329	·0322	·0314	·0307	·0301	·0294
1·9*	·0287	·0281	·0274	·0268	·0262	·0256	·0250	·0244	·0239	·0233
2·0*	·0228	·0222	·0217	·0212	·0207	·0202	·0197	·0192	·0188	·0183
2·1*	·0179	·0174	·0170	·0166	·0162	·0158	·0154	·0150	·0146	·0143
2·2*	·0139	·0136	·0132	·0129	·0125	·0122	·0119	·0116	·0113	·0110
2·3*	·0107	·0104	·0102	·0099	·0096	·0094	·0091	·0089	·0087	·0084
2·4*	·0082	·0080	·0078	·0075	·0073	·0071	·0069	·0068	·0066	·0064
2·5*	·0062	·0060	·0059	·0057	·0055	·0054	·0052	·0051	·0049	·0048
2·6*	·0047	·0045	·0044	·0043	·0041	·0040	·0039	·0038	·0037	·0036
2·7*	·0035	·0034	·0033	·0032	·0031	·0030	·0029	·0028	·0027	·0026
2·8*	·0026	·0025	·0024	·0023	·0023	·0022	·0021	·0021	·0020	·0019
2·9*	·0019	·0018	·0018	·0017	·0016	·0016	·0015	·0015	·0014	·0014
3·0*	·0013	·0013	·0013	·0012	·0012	·0011	·0011	·0011	·0010	·0010

3·5	·2326E−3
4·0	·3167E−4
4·5	·3398E−5
5·0	·2867E−6
5·5	·1899E−7
6·0	·9866E−9

例 $K_P = 1·96$ に対する P は、左の見出しの 1·9* から右へ行き、上の見出しの 6 から下がってきたところの値を読み、·0250 となる。

注 正規分布 $N(0,1)$ の累積分布関数 $\Phi(u) = \int_{-\infty}^{u} \frac{1}{\sqrt{2\pi}} e^{-x^2/2} dx$ の求めかた：

$u < 0$ ならば、$|u| = K_P$ として P を読み、$\Phi(u) = P$ とする。

例：$\Phi(-1·96) = ·0250$

$u > 0$ ならば、$u = K_P$ として P を読み、$\Phi(u) = 1 - P$ とする。

例：$\Phi(1·96) = ·9750$

付表2 t 表

$t(\phi, P)$

（自由度 ϕ と両側確率 P とから t を求める表）

$$P = 2\int_t^\infty \frac{\Gamma\left(\frac{\phi+1}{2}\right)}{\sqrt{\phi\pi}\,\Gamma\left(\frac{\phi}{2}\right)\left(1+\frac{v^2}{\phi}\right)^{\frac{\phi+1}{2}}}\,dv$$

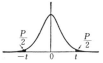

P / ϕ	0·50	0·40	0·30	0·20	0·10	0·05	0·02	0·01	0·001	P / ϕ
1	1·000	1·376	1·963	3·078	6·314	12·706	31·821	63·657	636·619	1
2	0·816	1·061	1·386	1·886	2·920	4·303	6·965	9·925	31·599	2
3	0·765	0·978	1·250	1·638	2·353	3·182	4·541	5·841	12·924	3
4	0·741	0·941	1·190	1·533	2·132	2·776	3·747	4·604	8·610	4
5	0·727	0·920	1·156	1·476	2·015	2·571	3·365	4·032	6·869	5
6	0·718	0·906	1·134	1·440	1·943	2·447	3·143	3·707	5·959	6
7	0·711	0·896	1·119	1·415	1·895	2·365	2·998	3·499	5·408	7
8	0·706	0·889	1·108	1·397	1·860	2·306	2·896	3·355	5·041	8
9	0·703	0·883	1·100	1·383	1·833	2·262	2·821	3·250	4·781	9
10	0·700	0·879	1·093	1·372	1·812	2·228	2·764	3·169	4·587	10
11	0·697	0·876	1·088	1·363	1·796	2·201	2·718	3·106	4·437	11
12	0·695	0·873	1·083	1·356	1·782	2·179	2·681	3·055	4·318	12
13	0·694	0·870	1·079	1·350	1·771	2·160	2·650	3·012	4·221	13
14	0·692	0·868	1·076	1·345	1·761	2·145	2·624	2·977	4·140	14
15	0·691	0·866	1·074	1·341	1·753	2·131	2·602	2·947	4·073	15
16	0·690	0·865	1·071	1·337	1·746	2·120	2·583	2·921	4·015	16
17	0·689	0·863	1·069	1·333	1·740	2·110	2·567	2·898	3·965	17
18	0·688	0·862	1·067	1·330	1·734	2·101	2·552	2·878	3·922	18
19	0·688	0·861	1·066	1·328	1·729	2·093	2·539	2·861	3·883	19
20	0·687	0·860	1·064	1·325	1·725	2·086	2·528	2·845	3·850	20
21	0·686	0·859	1·063	1·323	1·721	2·080	2·518	2·831	3·819	21
22	0·686	0·858	1·061	1·321	1·717	2·074	2·508	2·819	3·792	22
23	0·685	0·858	1·060	1·319	1·714	2·069	2·500	2·807	3·768	23
24	0·685	0·857	1·059	1·318	1·711	2·064	2·492	2·797	3·745	24
25	0·684	0·856	1·058	1·316	1·708	2·060	2·485	2·787	3·725	25
26	0·684	0·856	1·058	1·315	1·706	2·056	2·479	2·779	3·707	26
27	0·684	0·855	1·057	1·314	1·703	2·052	2·473	2·771	3·690	27
28	0·683	0·855	1·056	1·313	1·701	2·048	2·467	2·763	3·674	28
29	0·683	0·854	1·055	1·311	1·699	2·045	2·462	2·756	3·659	29
30	0·683	0·854	1·055	1·310	1·697	2·042	2·457	2·750	3·646	30
40	0·681	0·851	1·050	1·303	1·684	2·021	2·423	2·704	3·551	40
60	0·679	0·848	1·046	1·296	1·671	2·000	2·390	2·660	3·460	60
120	0·677	0·845	1·041	1·289	1·658	1·980	2·358	2·617	3·373	120
∞	0·674	0·842	1·036	1·282	1·645	1·960	2·326	2·576	3·291	∞

例 $\phi = 10$, $P = 0·05$ に対する t の値は，2·228 である．これは自由度 10 の t 分布に従う確率変数が 2·228 以上の絶対値をもって出現する確率が 5％であることを示す．

注1. $\phi > 30$ に対しては $120/\phi$ を用いる1次補間が便利である．

注2. 表から読んだ値を，$t(\phi, P)$, $t_P(\phi)$, $t_\phi(P)$ などと記すことがある．

注3. 出版物によっては，$t(\phi, P)$ の値を上側確率 $P/2$ や，その下側確率 $1-P/2$ で表現しているものもある．

付表3 χ^2 表

$\chi^2(\phi, P)$

(自由度 ϕ と上側確率 P とから χ^2 を求める表)

$$P = \int_{\chi^2}^{\infty} \frac{1}{\Gamma\left(\frac{\phi}{2}\right)} e^{-\frac{X}{2}} \left(\frac{X}{2}\right)^{\frac{\phi}{2}-1} \frac{dX}{2}$$

P ϕ	·995	·99	·975	·95	·90	·75	·50	·25	·10	**·05**	·025	·01	·005	P ϕ
1	0·0⁴393	0·0³157	0·0³982	0·0²393	0·0158	0·102	0·455	1·323	2·71	**3·84**	5·02	**6·63**	7·88	1
2	0·0100	0·0201	0·0506	0·103	0·211	0·575	1·386	2·77	4·61	**5·99**	7·38	**9·21**	10·60	2
3	0·0717	0·115	0·216	0·352	0·584	1·213	2·37	4·11	6·25	**7·81**	9·35	**11·34**	12·84	3
4	0·207	0·297	0·484	0·711	1·064	1·923	3·36	5·39	7·78	**9·49**	11·14	**13·28**	14·86	4
5	0·412	0·554	0·831	1·145	1·610	2·67	4·35	6·63	9·24	**11·07**	12·83	**15·09**	16·75	5
6	0·676	0·872	1·237	1·635	2·20	3·45	5·35	7·84	10·64	**12·59**	14·45	**16·81**	18·55	6
7	0·989	1·239	1·690	2·17	2·83	4·25	6·35	9·04	12·02	**14·07**	16·01	**18·48**	20·3	7
8	1·344	1·646	2·18	2·73	3·49	5·07	7·34	10·22	13·36	**15·51**	17·53	**20·1**	22·0	8
9	1·735	2·09	2·70	3·33	4·17	5·90	8·34	11·39	14·68	**16·92**	19·02	**21·7**	23·6	9
10	2·16	2·56	3·25	3·94	4·87	6·74	9·34	12·55	15·99	**18·31**	20·5	**23·2**	25·2	10
11	2·60	3·05	3·82	4·57	5·58	7·58	10·34	13·70	17·28	**19·68**	21·9	**24·7**	26·8	11
12	3·07	3·57	4·40	5·23	6·30	8·44	11·34	14·85	18·55	**21·0**	23·3	**26·2**	28·3	12
13	3·57	4·11	5·01	5·89	7·04	9·30	12·34	15·98	19·81	**22·4**	24·7	**27·7**	29·8	13
14	4·07	4·66	5·63	6·57	7·79	10·17	13·34	17·12	21·1	**23·7**	26·1	**29·1**	31·3	14
15	4·60	5·23	6·26	7·26	8·55	11·04	14·34	18·25	22·3	**25·0**	27·5	**30·6**	32·8	15
16	5·14	5·81	6·91	7·96	9·31	11·91	15·34	19·37	23·5	**26·3**	28·8	**32·0**	34·3	16
17	5·70	6·41	7·56	8·67	10·09	12·79	16·34	20·5	24·8	**27·6**	30·2	**33·4**	35·7	17
18	6·26	7·01	8·23	9·39	10·86	13·68	17·34	21·6	26·0	**28·9**	31·5	**34·8**	37·2	18
19	6·84	7·63	8·91	10·12	11·65	14·56	18·34	22·7	27·2	**30·1**	32·9	**36·2**	38·6	19
20	7·43	8·26	9·59	10·85	12·44	15·45	19·34	23·8	28·4	**31·4**	34·2	**37·6**	40·0	20
21	8·03	8·90	10·28	11·59	13·24	16·34	20·34	24·9	29·6	**32·7**	35·5	**38·9**	41·4	21
22	8·64	9·54	10·98	12·34	14·04	17·24	21·3	26·0	30·8	**33·9**	36·8	**40·3**	42·8	22
23	9·26	10·20	11·69	13·09	14·85	18·14	22·3	27·1	32·0	**35·2**	38·1	**41·6**	44·2	23
24	9·89	10·86	12·40	13·85	15·66	19·04	23·3	28·2	33·2	**36·4**	39·4	**43·0**	45·6	24
25	10·52	11·52	13·12	14·61	16·47	19·94	24·3	29·3	34·4	**37·7**	40·6	**44·3**	46·9	25
26	11·16	12·20	13·84	15·38	17·29	20·8	25·3	30·4	35·6	**38·9**	41·9	**45·6**	48·3	26
27	11·81	12·88	14·57	16·15	18·11	21·7	26·3	31·5	36·7	**40·1**	43·2	**47·0**	49·6	27
28	12·46	13·56	15·31	16·93	18·94	22·7	27·3	32·6	37·9	**41·3**	44·5	**48·3**	51·0	28
29	13·12	14·26	16·05	17·71	19·77	23·6	28·3	33·7	39·1	**42·6**	45·7	**49·6**	52·3	29
30	13·79	14·95	16·79	18·49	20·6	24·5	29·3	34·8	40·3	**43·8**	47·0	**50·9**	53·7	30
40	20·7	22·2	24·4	26·5	29·1	33·7	39·3	45·6	51·8	**55·8**	59·3	**63·7**	66·8	40
50	28·0	29·7	32·4	34·8	37·7	42·9	49·3	56·3	63·2	**67·5**	71·4	**76·2**	79·5	50
60	35·5	37·5	40·5	43·2	46·5	52·3	59·3	67·0	74·4	**79·1**	83·3	**88·4**	92·0	60
70	43·3	45·4	48·8	51·7	55·3	61·7	69·3	77·6	85·5	**90·5**	95·0	**100·4**	104·2	70
80	51·2	53·5	57·2	60·4	64·3	71·1	79·3	88·1	96·6	**101·9**	106·6	**112·3**	116·3	80
90	59·2	61·8	65·6	69·1	73·3	80·6	89·3	98·6	107·6	**113·1**	118·1	**124·1**	128·3	90
100	67·3	70·1	74·2	77·9	82·4	90·1	99·3	109·1	118·5	**124·3**	129·6	**135·8**	140·2	100
y_P	−2·58	−2·33	−1·96	−1·64	−1·28	−0·674	0·000	0·674	1·282	**1·645**	1·960	**2·33**	2·58	y_P

注 表から読んだ値を $\chi^2(\phi, P)$, $\chi^2_P(\phi)$, $\chi^2_\phi(P)$ などと記すことがある.

例1. $\phi=10$, $P=0·05$ に対する χ^2 の値は 18·31 である. これは自由度 10 のカイ二乗分布に従う確率変数が 18·31 以上の値をとる確率が 5% であることを示す.

例2. $\phi=54$, $P=0·01$ に対する χ^2 の値は, $\phi=60$ に対する値と $\phi=50$ に対する値とを用いて, $88·4 \times 0·4 + 76·2 \times 0·6 = 81·1$ として求める.

例3. $\phi=145$, $P=0·05$ に対する χ^2 の値は, Fisherの近似式を用いて, $\frac{1}{2}(y_P + \sqrt{2\phi-1})^2 = \frac{1}{2}(1·645 + \sqrt{289})^2 = 173·8$ として求める. (y_P は表の下端にある.)

付表 4　F　表 (0.5%)

$F(\phi_1, \phi_2; 0.005)$

(分子の自由度 ϕ_1, 分母の自由度 ϕ_2 の F 分布の上側 0.5% の点を求める表)

ϕ_2 \ ϕ_1	1	2	3	4	5	6	7	8	9	10	12	15	20	24	30	40	60	120	∞
1	199·	199·	199·	199·	199·	199·	199·	199·	199·	199·	199·	199·	199·	199·	199·	199·	199·	199·	200·
2	55·6	49·8	47·5	46·2	45·4	44·8	44·4	44·1	43·9	43·7	43·4	43·1	42·8	42·6	42·5	42·3	42·1	42·0	41·8
3	31·3	26·3	24·3	23·2	22·5	22·0	21·6	21·4	21·1	21·0	20·7	20·4	20·2	20·0	19·9	19·8	19·6	19·5	19·3
4	22·8	18·3	16·5	15·6	14·9	14·5	14·2	14·0	13·8	13·6	13·4	13·1	12·9	12·9	12·7	12·5	12·4	12·3	12·1
5	18·6	14·5	12·9	12·0	11·5	11·1	10·8	10·6	10·4	10·3	10·0	9·81	9·59	9·47	9·36	9·24	9·12	9·00	8·88
6	16·2	12·4	10·9	10·1	9·52	9·16	8·89	8·68	8·51	8·38	8·18	7·97	7·75	7·64	7·53	7·42	7·31	7·19	7·08
7	14·7	11·0	9·60	8·81	8·30	7·95	7·69	7·50	7·34	7·21	7·01	6·81	6·61	6·50	6·40	6·29	6·18	6·06	5·95
8	13·6	10·1	8·72	7·96	7·47	7·13	6·88	6·69	6·54	6·42	6·23	6·03	5·83	5·73	5·62	5·52	5·41	5·30	5·19
9	12·8	9·43	8·08	7·34	6·87	6·54	6·30	6·12	5·97	5·85	5·66	5·47	5·27	5·17	5·07	4·97	4·86	4·75	4·64
10	12·2	8·91	7·60	6·88	6·42	6·10	5·86	5·68	5·54	5·42	5·24	5·05	4·86	4·76	4·65	4·55	4·44	4·33	4·23
11	11·8	8·51	7·23	6·52	6·07	5·76	5·52	5·35	5·20	5·09	4·91	4·72	4·53	4·43	4·33	4·23	4·12	4·01	3·90
12	11·4	8·19	6·93	6·23	5·79	5·48	5·25	5·08	4·94	4·82	4·64	4·46	4·27	4·17	4·07	3·97	3·87	3·76	3·65
13	11·1	7·92	6·68	6·00	5·56	5·26	5·03	4·86	4·72	4·60	4·43	4·25	4·06	3·96	3·86	3·76	3·66	3·55	3·44
14	10·8	7·70	6·48	5·80	5·37	5·07	4·85	4·67	4·54	4·42	4·25	4·07	3·88	3·79	3·69	3·58	3·48	3·37	3·26
15	10·6	7·51	6·30	5·64	5·21	4·91	4·69	4·52	4·38	4·27	4·10	3·92	3·73	3·64	3·54	3·44	3·33	3·22	3·11
16	10·4	7·35	6·16	5·50	5·07	4·78	4·56	4·39	4·25	4·14	3·97	3·79	3·61	3·51	3·41	3·31	3·21	3·10	2·98
17	10·2	7·21	6·03	5·37	4·96	4·66	4·44	4·28	4·14	4·03	3·86	3·68	3·50	3·40	3·30	3·20	3·10	2·99	2·87
18	10·1	7·09	5·92	5·27	4·85	4·56	4·34	4·18	4·04	3·93	3·76	3·59	3·40	3·31	3·21	3·11	3·00	2·89	2·78
19	9·94	6·99	5·82	5·17	4·76	4·47	4·26	4·09	3·96	3·85	3·68	3·50	3·32	3·22	3·12	3·02	2·92	2·81	2·69
20	9·83	6·89	5·73	5·09	4·68	4·39	4·18	4·01	3·88	3·77	3·60	3·43	3·24	3·15	3·05	2·95	2·84	2·73	2·61
21	9·73	6·81	5·65	5·02	4·61	4·32	4·11	3·94	3·81	3·70	3·54	3·36	3·18	3·08	2·98	2·88	2·77	2·66	2·55
22	9·63	6·73	5·58	4·95	4·54	4·26	4·05	3·88	3·75	3·64	3·47	3·30	3·12	3·02	2·92	2·82	2·71	2·60	2·48
23	9·55	6·66	5·52	4·89	4·49	4·20	3·99	3·83	3·69	3·59	3·42	3·25	3·06	2·97	2·87	2·77	2·66	2·55	2·43
24	9·48	6·60	5·46	4·84	4·43	4·15	3·94	3·78	3·64	3·54	3·37	3·20	3·01	2·92	2·82	2·72	2·61	2·50	2·38
25	9·41	6·54	5·41	4·79	4·38	4·10	3·89	3·73	3·60	3·49	3·33	3·15	2·97	2·87	2·77	2·67	2·56	2·45	2·33
26	9·34	6·49	5·36	4·74	4·34	4·06	3·85	3·69	3·56	3·45	3·28	3·11	2·93	2·83	2·73	2·63	2·52	2·41	2·29
27	9·28	6·44	5·32	4·70	4·30	4·02	3·81	3·65	3·52	3·41	3·25	3·07	2·89	2·79	2·69	2·59	2·48	2·37	2·25
28	9·23	6·40	5·28	4·66	4·26	3·98	3·77	3·61	3·48	3·38	3·21	3·04	2·86	2·76	2·66	2·56	2·45	2·33	2·21
29	9·18	6·35	5·24	4·62	4·23	3·95	3·74	3·58	3·45	3·34	3·18	3·01	2·82	2·73	2·63	2·52	2·42	2·30	2·18
30	—	—	—	—	—	—	—	—	—	—	—	—	—	—	—	—	—	—	—
40	8·83	6·07	4·98	4·37	3·99	3·71	3·51	3·35	3·22	3·12	2·95	2·78	2·60	2·50	2·40	2·30	2·18	2·06	1·93
60	8·49	5·79	4·73	4·14	3·76	3·49	3·29	3·13	3·01	2·90	2·74	2·57	2·39	2·29	2·19	2·08	1·96	1·83	1·69
120	8·18	5·54	4·50	3·92	3·55	3·28	3·09	2·93	2·81	2·71	2·54	2·37	2·19	2·09	1·98	1·87	1·75	1·61	1·43
∞	7·88	5·30	4·28	3·72	3·35	3·09	2·90	2·74	2·62	2·52	2·36	2·19	2·00	1·90	1·79	1·67	1·53	1·36	1·00

例 1. 自由度 (5, 10) の F 分布の上側 0.5% の点は 6·87 である.　例 2. 自由度 (5, 10) の F 分布の下側 0.5% の点は 1/13·6 である.

付表 5　F 表（5％，1％）

$$F(\phi_1, \phi_2; P) \qquad P = \begin{cases} 0.05 \cdots \text{細字} \\ 0.01 \cdots \text{太字} \end{cases} \qquad P = \int_F^\infty \frac{\phi_1^{\frac{\phi_1}{2}} \phi_2^{\frac{\phi_2}{2}} X^{\frac{\phi_1}{2}-1}}{B\left(\frac{\phi_1}{2}, \frac{\phi_2}{2}\right)(\phi_1 X + \phi_2)^{\frac{\phi_1+\phi_2}{2}}} dX$$

（分子の自由度 ϕ_1，分母の自由度 ϕ_2 から，上側確率 5％および 1％に対する F の値を求める表）（細字は 5％，太字は 1％）

ϕ_2 \ ϕ_1	1	2	3	4	5	6	7	8	9	10	12	15	20	24	30	40	60	120	∞
1	161. **4052.**	200. **5000.**	216. **5403.**	225. **5625.**	230. **5764.**	234. **5859.**	237. **5928.**	239. **5981.**	241. **6022.**	242. **6056.**	244. **6106.**	246. **6157.**	248. **6209.**	249. **6235.**	250. **6261.**	251. **6287.**	252. **6313.**	253. **6339.**	254. **6366.**
2	18.5 **98.5**	19.0 **99.0**	19.2 **99.2**	19.2 **99.2**	19.3 **99.3**	19.3 **99.3**	19.4 **99.4**	19.4 **99.4**	19.4 **99.4**	19.4 **99.4**	19.4 **99.4**	19.4 **99.4**	19.4 **99.4**	19.4 **99.5**	19.5 **99.5**	19.5 **99.5**	19.5 **99.5**	19.5 **99.5**	19.5 **99.5**
3	10.1 **34.1**	9.55 **30.8**	9.28 **29.5**	9.12 **28.7**	9.01 **28.2**	8.94 **27.9**	8.89 **27.7**	8.85 **27.5**	8.81 **27.3**	8.79 **27.2**	8.74 **27.1**	8.70 **26.9**	8.66 **26.7**	8.64 **26.6**	8.62 **26.5**	8.59 **26.4**	8.57 **26.3**	8.55 **26.2**	8.53 **26.1**
4	7.71 **21.2**	6.94 **18.0**	6.59 **16.7**	6.39 **16.0**	6.26 **15.5**	6.16 **15.2**	6.09 **15.0**	6.04 **14.8**	6.00 **14.7**	5.96 **14.5**	5.91 **14.4**	5.86 **14.2**	5.80 **14.0**	5.77 **13.9**	5.75 **13.8**	5.72 **13.7**	5.69 **13.7**	5.66 **13.6**	5.63 **13.5**
5	6.61 **16.3**	5.79 **13.3**	5.41 **12.1**	5.19 **11.4**	5.05 **11.0**	4.95 **10.7**	4.88 **10.5**	4.82 **10.3**	4.77 **10.2**	4.74 **10.1**	4.68 **9.89**	4.62 **9.72**	4.56 **9.55**	4.53 **9.47**	4.50 **9.38**	4.46 **9.29**	4.43 **9.20**	4.40 **9.11**	4.36 **9.02**
6	5.99 **13.7**	5.14 **10.9**	4.76 **9.78**	4.53 **9.15**	4.39 **8.75**	4.28 **8.47**	4.21 **8.26**	4.15 **8.10**	4.10 **7.98**	4.06 **7.87**	4.00 **7.72**	3.94 **7.56**	3.87 **7.40**	3.84 **7.31**	3.81 **7.23**	3.77 **7.14**	3.74 **7.06**	3.70 **6.97**	3.67 **6.88**
7	5.59 **12.2**	4.74 **9.55**	4.35 **8.45**	4.12 **7.85**	3.97 **7.46**	3.87 **7.19**	3.79 **6.99**	3.73 **6.84**	3.68 **6.72**	3.64 **6.62**	3.57 **6.47**	3.51 **6.31**	3.44 **6.16**	3.41 **6.07**	3.38 **5.99**	3.34 **5.91**	3.30 **5.82**	3.27 **5.74**	3.23 **5.65**
8	5.32 **11.3**	4.46 **8.65**	4.07 **7.59**	3.84 **7.01**	3.69 **6.63**	3.58 **6.37**	3.50 **6.18**	3.44 **6.03**	3.39 **5.91**	3.35 **5.81**	3.28 **5.67**	3.22 **5.52**	3.15 **5.36**	3.12 **5.28**	3.08 **5.20**	3.04 **5.12**	3.01 **5.03**	2.97 **4.95**	2.93 **4.86**
9	5.12 **10.6**	4.26 **8.02**	3.86 **6.99**	3.63 **6.42**	3.48 **6.06**	3.37 **5.80**	3.29 **5.61**	3.23 **5.47**	3.18 **5.35**	3.14 **5.26**	3.07 **5.11**	3.01 **4.96**	2.94 **4.81**	2.90 **4.73**	2.86 **4.65**	2.83 **4.57**	2.79 **4.48**	2.75 **4.40**	2.71 **4.31**
10	4.96 **10.0**	4.10 **7.56**	3.71 **6.55**	3.48 **5.99**	3.33 **5.64**	3.22 **5.39**	3.14 **5.20**	3.07 **5.06**	3.02 **4.94**	2.98 **4.85**	2.91 **4.71**	2.85 **4.56**	2.77 **4.41**	2.74 **4.33**	2.70 **4.25**	2.66 **4.17**	2.62 **4.08**	2.58 **4.00**	2.54 **3.91**
11	4.84 **9.65**	3.98 **7.21**	3.59 **6.22**	3.36 **5.67**	3.20 **5.32**	3.09 **5.07**	3.01 **4.89**	2.95 **4.74**	2.90 **4.63**	2.85 **4.54**	2.79 **4.40**	2.72 **4.25**	2.65 **4.10**	2.61 **4.02**	2.57 **3.94**	2.53 **3.86**	2.49 **3.78**	2.45 **3.69**	2.40 **3.60**
12	4.75 **9.33**	3.89 **6.93**	3.49 **5.95**	3.26 **5.41**	3.11 **5.06**	3.00 **4.82**	2.91 **4.64**	2.85 **4.50**	2.80 **4.39**	2.75 **4.30**	2.69 **4.16**	2.62 **4.01**	2.54 **3.86**	2.51 **3.78**	2.47 **3.70**	2.43 **3.62**	2.38 **3.54**	2.34 **3.45**	2.30 **3.36**
13	4.67 **9.07**	3.81 **6.70**	3.41 **5.74**	3.18 **5.21**	3.03 **4.86**	2.92 **4.62**	2.83 **4.44**	2.77 **4.30**	2.71 **4.19**	2.67 **4.10**	2.60 **3.96**	2.53 **3.82**	2.46 **3.66**	2.42 **3.59**	2.38 **3.51**	2.34 **3.43**	2.30 **3.34**	2.25 **3.25**	2.21 **3.17**
14	4.60 **8.86**	3.74 **6.51**	3.34 **5.56**	3.11 **5.04**	2.96 **4.69**	2.85 **4.46**	2.76 **4.28**	2.70 **4.14**	2.65 **4.03**	2.60 **3.94**	2.53 **3.80**	2.46 **3.66**	2.39 **3.51**	2.35 **3.43**	2.31 **3.35**	2.27 **3.27**	2.22 **3.18**	2.18 **3.09**	2.13 **3.00**
15	4.54 **8.68**	3.68 **6.36**	3.29 **5.42**	3.06 **4.89**	2.90 **4.56**	2.79 **4.32**	2.71 **4.14**	2.64 **4.00**	2.59 **3.89**	2.54 **3.80**	2.48 **3.67**	2.40 **3.52**	2.33 **3.37**	2.29 **3.29**	2.25 **3.21**	2.20 **3.13**	2.16 **3.05**	2.11 **2.96**	2.07 **2.87**

付　表

F分布表（上段：5%点、下段：1%点）

ϕ_2 \ ϕ_1	1	2	3	4	5	6	7	8	9	10	12	15	20	24	30	40	60	120	∞
16	4.49 / 8.53	3.63 / 6.23	3.24 / 5.29	3.01 / 4.77	2.85 / 4.44	2.74 / 4.20	2.66 / 4.03	2.59 / 3.89	2.54 / 3.78	2.49 / 3.69	2.42 / 3.55	2.35 / 3.41	2.28 / 3.26	2.24 / 3.18	2.19 / 3.10	2.15 / 3.02	2.11 / 2.93	2.06 / 2.84	2.01 / 2.75
17	4.45 / 8.40	3.59 / 6.11	3.20 / 5.18	2.96 / 4.67	2.81 / 4.34	2.70 / 4.10	2.61 / 3.93	2.55 / 3.79	2.49 / 3.68	2.45 / 3.59	2.38 / 3.46	2.31 / 3.31	2.23 / 3.16	2.19 / 3.08	2.15 / 3.00	2.10 / 2.92	2.06 / 2.83	2.01 / 2.75	1.96 / 2.65
18	4.41 / 8.29	3.55 / 6.01	3.16 / 5.09	2.93 / 4.58	2.77 / 4.25	2.66 / 4.01	2.58 / 3.84	2.51 / 3.71	2.46 / 3.60	2.41 / 3.51	2.34 / 3.37	2.27 / 3.23	2.19 / 3.08	2.15 / 3.00	2.11 / 2.92	2.06 / 2.84	2.02 / 2.75	1.97 / 2.66	1.92 / 2.57
19	4.38 / 8.18	3.52 / 5.93	3.13 / 5.01	2.90 / 4.50	2.74 / 4.17	2.63 / 3.94	2.54 / 3.77	2.48 / 3.63	2.42 / 3.52	2.38 / 3.43	2.31 / 3.30	2.23 / 3.15	2.16 / 3.00	2.11 / 2.92	2.07 / 2.84	2.03 / 2.76	1.98 / 2.67	1.93 / 2.58	1.88 / 2.49
20	4.35 / 8.10	3.49 / 5.85	3.10 / 4.94	2.87 / 4.43	2.71 / 4.10	2.60 / 3.87	2.51 / 3.70	2.45 / 3.56	2.39 / 3.46	2.35 / 3.37	2.28 / 3.23	2.20 / 3.09	2.12 / 2.94	2.08 / 2.86	2.04 / 2.78	1.99 / 2.69	1.95 / 2.61	1.90 / 2.52	1.84 / 2.42
21	4.32 / 8.02	3.47 / 5.78	3.07 / 4.87	2.84 / 4.37	2.68 / 4.04	2.57 / 3.81	2.49 / 3.64	2.42 / 3.51	2.37 / 3.40	2.32 / 3.31	2.25 / 3.17	2.18 / 3.03	2.10 / 2.88	2.05 / 2.80	2.01 / 2.72	1.96 / 2.64	1.92 / 2.55	1.87 / 2.46	1.81 / 2.36
22	4.30 / 7.95	3.44 / 5.72	3.05 / 4.82	2.82 / 4.31	2.66 / 3.99	2.55 / 3.76	2.46 / 3.59	2.40 / 3.45	2.34 / 3.35	2.30 / 3.26	2.23 / 3.12	2.15 / 2.98	2.07 / 2.83	2.03 / 2.75	1.98 / 2.67	1.94 / 2.58	1.89 / 2.50	1.84 / 2.40	1.78 / 2.31
23	4.28 / 7.88	3.42 / 5.66	3.03 / 4.76	2.80 / 4.26	2.64 / 3.94	2.53 / 3.71	2.44 / 3.54	2.37 / 3.41	2.32 / 3.30	2.27 / 3.21	2.20 / 3.07	2.13 / 2.93	2.05 / 2.78	2.01 / 2.70	1.96 / 2.62	1.91 / 2.54	1.86 / 2.45	1.81 / 2.35	1.76 / 2.26
24	4.26 / 7.82	3.40 / 5.61	3.01 / 4.72	2.78 / 4.22	2.62 / 3.90	2.51 / 3.67	2.42 / 3.50	2.36 / 3.36	2.30 / 3.26	2.25 / 3.17	2.18 / 3.03	2.11 / 2.89	2.03 / 2.74	1.98 / 2.66	1.94 / 2.58	1.89 / 2.49	1.84 / 2.40	1.79 / 2.31	1.73 / 2.21
25	4.24 / 7.77	3.39 / 5.57	2.99 / 4.68	2.76 / 4.18	2.60 / 3.85	2.49 / 3.63	2.40 / 3.46	2.34 / 3.32	2.28 / 3.22	2.24 / 3.13	2.16 / 2.99	2.09 / 2.85	2.01 / 2.70	1.96 / 2.62	1.92 / 2.54	1.87 / 2.45	1.82 / 2.36	1.77 / 2.27	1.71 / 2.17
26	4.23 / 7.72	3.37 / 5.53	2.98 / 4.64	2.74 / 4.14	2.59 / 3.82	2.47 / 3.59	2.39 / 3.42	2.32 / 3.29	2.27 / 3.18	2.22 / 3.09	2.15 / 2.96	2.07 / 2.81	1.99 / 2.66	1.95 / 2.58	1.90 / 2.50	1.85 / 2.42	1.80 / 2.33	1.75 / 2.23	1.69 / 2.13
27	4.21 / 7.68	3.35 / 5.49	2.96 / 4.60	2.73 / 4.11	2.57 / 3.78	2.46 / 3.56	2.37 / 3.39	2.31 / 3.26	2.25 / 3.15	2.20 / 3.06	2.13 / 2.93	2.06 / 2.78	1.97 / 2.63	1.93 / 2.55	1.88 / 2.47	1.84 / 2.38	1.79 / 2.29	1.73 / 2.20	1.67 / 2.10
28	4.20 / 7.64	3.34 / 5.45	2.95 / 4.57	2.71 / 4.07	2.56 / 3.75	2.45 / 3.53	2.36 / 3.36	2.29 / 3.23	2.24 / 3.12	2.19 / 3.03	2.12 / 2.90	2.04 / 2.75	1.96 / 2.60	1.91 / 2.52	1.87 / 2.44	1.82 / 2.35	1.77 / 2.26	1.71 / 2.17	1.65 / 2.06
29	4.18 / 7.60	3.33 / 5.42	2.93 / 4.54	2.70 / 4.04	2.54 / 3.73	2.43 / 3.50	2.35 / 3.33	2.28 / 3.20	2.22 / 3.09	2.18 / 3.00	2.10 / 2.87	2.03 / 2.73	1.94 / 2.57	1.90 / 2.49	1.85 / 2.41	1.81 / 2.33	1.75 / 2.23	1.70 / 2.14	1.64 / 2.03
30	4.17 / 7.56	3.32 / 5.39	2.92 / 4.51	2.69 / 4.02	2.53 / 3.70	2.42 / 3.47	2.33 / 3.30	2.27 / 3.17	2.21 / 3.07	2.16 / 2.98	2.09 / 2.84	2.01 / 2.70	1.93 / 2.55	1.89 / 2.47	1.84 / 2.39	1.79 / 2.30	1.74 / 2.21	1.68 / 2.11	1.62 / 2.01
40	4.08 / 7.31	3.23 / 5.18	2.84 / 4.31	2.61 / 3.83	2.45 / 3.51	2.34 / 3.29	2.25 / 3.12	2.18 / 2.99	2.12 / 2.89	2.08 / 2.80	2.00 / 2.66	1.92 / 2.52	1.84 / 2.37	1.79 / 2.29	1.74 / 2.20	1.69 / 2.11	1.64 / 2.02	1.58 / 1.92	1.51 / 1.80
60	4.00 / 7.08	3.15 / 4.98	2.76 / 4.13	2.53 / 3.65	2.37 / 3.34	2.25 / 3.12	2.17 / 2.95	2.10 / 2.82	2.04 / 2.72	1.99 / 2.63	1.92 / 2.50	1.84 / 2.35	1.75 / 2.20	1.70 / 2.12	1.65 / 2.03	1.59 / 1.94	1.53 / 1.84	1.47 / 1.73	1.39 / 1.60
120	3.92 / 6.85	3.07 / 4.79	2.68 / 3.95	2.45 / 3.48	2.29 / 3.17	2.18 / 2.96	2.09 / 2.79	2.02 / 2.66	1.96 / 2.56	1.91 / 2.47	1.83 / 2.34	1.75 / 2.19	1.66 / 2.03	1.61 / 1.95	1.55 / 1.86	1.50 / 1.76	1.43 / 1.66	1.35 / 1.53	1.25 / 1.38
∞	3.84 / 6.63	3.00 / 4.61	2.60 / 3.78	2.37 / 3.32	2.21 / 3.02	2.10 / 2.80	2.01 / 2.64	1.94 / 2.51	1.88 / 2.41	1.83 / 2.32	1.75 / 2.18	1.67 / 2.04	1.57 / 1.88	1.52 / 1.79	1.46 / 1.70	1.39 / 1.59	1.32 / 1.47	1.22 / 1.32	1.00 / 1.00

例 1. 自由度 $\phi_1=5$, $\phi_2=10$ の F 分布の（上側）5%の点は 3.33, 1%の点は 5.64 である。

例 2. 自由度 (5, 10) の F 分布の下側 5% の点を求めるには，$\phi_1=10$, $\phi_2=5$ に対して表を読んで 4.74 を得，その逆数をとって $1/4.74$ とする。

注 自由度の大きいところでの補間は $120/\phi$ を用いる 1 次補間による。

付表6 F 表 (2.5%)

(分子の自由度 ϕ_1, 分母の自由度 ϕ_2 の F 分布の上側 2.5% の点を求める表)

$F(\phi_1, \phi_2 ; 0.025)$

ϕ_1 \ ϕ_2	1	2	3	4	5	6	7	8	9	10	12	15	20	24	30	40	60	120	∞
1	648.	800.	864.	900.	922.	937.	948.	957.	963.	969.	977.	985.	993.	997.	1001.	1006.	1010.	1014.	1018.
2	38.5	39.0	39.2	39.2	39.3	39.3	39.4	39.4	39.4	39.4	39.4	39.4	39.4	39.5	39.5	39.5	39.5	39.5	39.5
3	17.4	16.0	15.4	15.1	14.9	14.7	14.6	14.5	14.5	14.4	14.3	14.3	14.2	14.1	14.1	14.0	14.0	13.9	13.9
4	12.2	10.6	9.98	9.60	9.36	9.20	9.07	8.98	8.90	8.84	8.75	8.66	8.56	8.51	8.46	8.41	8.36	8.31	8.26
5	10.0	8.43	7.76	7.39	7.15	6.98	6.85	6.76	6.68	6.62	6.52	6.43	6.33	6.28	6.23	6.18	6.12	6.07	6.02
6	8.81	7.26	6.60	6.23	5.99	5.82	5.70	5.60	5.52	5.46	5.37	5.27	5.17	5.12	5.07	5.01	4.96	4.90	4.85
7	8.07	6.54	5.89	5.52	5.29	5.12	4.99	4.90	4.82	4.76	4.67	4.57	4.47	4.42	4.36	4.31	4.25	4.20	4.14
8	7.57	6.06	5.42	5.05	4.82	4.65	4.53	4.43	4.36	4.30	4.20	4.10	4.00	3.95	3.89	3.84	3.78	3.73	3.67
9	7.21	5.71	5.08	4.72	4.48	4.32	4.20	4.10	4.03	3.96	3.87	3.77	3.67	3.61	3.56	3.51	3.45	3.39	3.33
10	6.94	5.46	4.83	4.47	4.24	4.07	3.95	3.85	3.78	3.72	3.62	3.52	3.42	3.37	3.31	3.26	3.20	3.14	3.08
11	6.72	5.26	4.63	4.28	4.04	3.88	3.76	3.66	3.59	3.53	3.43	3.33	3.23	3.17	3.12	3.06	3.00	2.94	2.88
12	6.55	5.10	4.47	4.12	3.89	3.73	3.61	3.51	3.44	3.37	3.28	3.18	3.07	3.02	2.96	2.91	2.85	2.79	2.72
13	6.41	4.97	4.35	4.00	3.77	3.60	3.48	3.39	3.31	3.25	3.15	3.05	2.95	2.89	2.84	2.78	2.72	2.66	2.60
14	6.30	4.86	4.24	3.89	3.66	3.50	3.38	3.29	3.21	3.15	3.05	2.95	2.84	2.79	2.73	2.67	2.61	2.55	2.49
15	6.20	4.77	4.15	3.80	3.58	3.41	3.29	3.20	3.12	3.06	2.96	2.86	2.76	2.70	2.64	2.59	2.52	2.46	2.40
16	6.12	4.69	4.08	3.73	3.50	3.34	3.22	3.12	3.05	2.99	2.89	2.79	2.68	2.63	2.57	2.51	2.45	2.38	2.32
17	6.04	4.62	4.01	3.66	3.44	3.28	3.16	3.06	2.98	2.92	2.82	2.72	2.62	2.56	2.50	2.44	2.38	2.32	2.25
18	5.98	4.56	3.95	3.61	3.38	3.22	3.10	3.01	2.93	2.87	2.77	2.67	2.56	2.50	2.44	2.38	2.32	2.26	2.19
19	5.92	4.51	3.90	3.56	3.33	3.17	3.05	2.96	2.88	2.82	2.72	2.62	2.51	2.45	2.39	2.33	2.27	2.20	2.13
20	5.87	4.46	3.86	3.51	3.29	3.13	3.01	2.91	2.84	2.77	2.68	2.57	2.46	2.41	2.35	2.29	2.22	2.16	2.09
21	5.83	4.42	3.82	3.48	3.25	3.09	2.97	2.87	2.80	2.73	2.64	2.53	2.42	2.37	2.31	2.25	2.18	2.11	2.04
22	5.79	4.38	3.78	3.44	3.22	3.05	2.93	2.84	2.76	2.70	2.60	2.50	2.39	2.33	2.27	2.21	2.14	2.08	2.00
23	5.75	4.35	3.75	3.41	3.18	3.02	2.90	2.81	2.73	2.67	2.57	2.47	2.36	2.30	2.24	2.18	2.11	2.04	1.97
24	5.72	4.32	3.72	3.38	3.15	2.99	2.87	2.78	2.70	2.64	2.54	2.44	2.33	2.27	2.21	2.15	2.08	2.01	1.94
25	5.69	4.29	3.69	3.35	3.13	2.97	2.85	2.75	2.68	2.61	2.51	2.41	2.30	2.24	2.18	2.12	2.05	1.98	1.91
26	5.66	4.27	3.67	3.33	3.10	2.94	2.82	2.73	2.65	2.59	2.49	2.39	2.28	2.22	2.16	2.09	2.03	1.95	1.88
27	5.63	4.24	3.65	3.31	3.08	2.92	2.80	2.71	2.63	2.57	2.47	2.36	2.25	2.19	2.13	2.07	2.00	1.93	1.85
28	5.61	4.22	3.63	3.29	3.06	2.90	2.78	2.69	2.61	2.55	2.45	2.34	2.23	2.17	2.11	2.05	1.98	1.91	1.83
29	5.59	4.20	3.61	3.27	3.04	2.88	2.76	2.67	2.59	2.53	2.43	2.32	2.21	2.15	2.09	2.03	1.96	1.89	1.81
30	5.57	4.18	3.59	3.25	3.03	2.87	2.75	2.65	2.57	2.51	2.41	2.31	2.20	2.14	2.07	2.01	1.94	1.87	1.79
40	5.42	4.05	3.46	3.13	2.90	2.74	2.62	2.53	2.45	2.39	2.29	2.18	2.07	2.01	1.94	1.88	1.80	1.72	1.64
60	5.29	3.93	3.34	3.01	2.79	2.63	2.51	2.41	2.33	2.27	2.17	2.06	1.94	1.88	1.82	1.74	1.67	1.58	1.48
120	5.15	3.80	3.23	2.89	2.67	2.52	2.39	2.30	2.22	2.16	2.05	1.94	1.82	1.76	1.69	1.61	1.53	1.43	1.31
∞	5.02	3.69	3.12	2.79	2.57	2.41	2.29	2.19	2.11	2.05	1.94	1.83	1.71	1.64	1.57	1.48	1.39	1.27	1.00

例1. 自由度 (5, 10) の F 分布の上側 2.5% の点は 4.24 である。 **例2.** 自由度 (5, 10) の F 分布の下側 2.5% の点は 1/6.62 である。

付表7　F 表 (10%)

$F(\phi_1, \phi_2 ; 0.10)$

(分子の自由度 ϕ_1, 分母の自由度 ϕ_2 の F 分布の上側 10% の点を求める表)

$\phi_2 \backslash \phi_1$	1	2	3	4	5	6	7	8	9	10	12	15	20	24	30	40	60	120	∞
1	39.9	49.5	53.6	55.8	57.2	58.2	58.9	59.4	59.9	60.2	60.7	61.2	61.7	62.0	62.3	62.5	62.8	63.1	63.3
2	8.53	9.00	9.16	9.24	9.29	9.33	9.35	9.37	9.38	9.39	9.41	9.42	9.44	9.45	9.46	9.47	9.47	9.48	9.49
3	5.54	5.46	5.39	5.34	5.31	5.28	5.27	5.25	5.24	5.23	5.22	5.20	5.18	5.18	5.17	5.16	5.15	5.14	5.13
4	4.54	4.32	4.19	4.11	4.05	4.01	3.98	3.95	3.94	3.92	3.90	3.87	3.84	3.83	3.82	3.80	3.79	3.78	3.76
5	4.06	3.78	3.62	3.52	3.45	3.40	3.37	3.34	3.32	3.30	3.27	3.24	3.21	3.19	3.17	3.16	3.14	3.12	3.10
6	3.78	3.46	3.29	3.18	3.11	3.05	3.01	2.98	2.96	2.94	2.90	2.87	2.84	2.82	2.80	2.78	2.76	2.74	2.72
7	3.59	3.26	3.07	2.96	2.88	2.83	2.78	2.75	2.72	2.70	2.67	2.63	2.59	2.58	2.56	2.54	2.51	2.49	2.47
8	3.46	3.11	2.92	2.81	2.73	2.67	2.62	2.59	2.56	2.54	2.50	2.46	2.42	2.40	2.38	2.36	2.34	2.32	2.29
9	3.36	3.01	2.81	2.69	2.61	2.55	2.51	2.47	2.44	2.42	2.38	2.34	2.30	2.28	2.25	2.23	2.21	2.18	2.16
10	3.29	2.92	2.73	2.61	2.52	2.46	2.41	2.38	2.35	2.32	2.28	2.24	2.20	2.18	2.16	2.13	2.11	2.08	2.06
11	3.23	2.86	2.66	2.54	2.45	2.39	2.34	2.30	2.27	2.25	2.21	2.17	2.12	2.10	2.08	2.05	2.03	2.00	1.97
12	3.18	2.81	2.61	2.48	2.39	2.33	2.28	2.24	2.21	2.19	2.15	2.10	2.06	2.04	2.01	1.99	1.96	1.93	1.90
13	3.14	2.76	2.56	2.43	2.35	2.28	2.23	2.20	2.16	2.14	2.10	2.05	2.01	1.98	1.96	1.93	1.90	1.88	1.85
14	3.10	2.73	2.52	2.39	2.31	2.24	2.19	2.15	2.12	2.10	2.05	2.01	1.96	1.94	1.91	1.89	1.86	1.83	1.80
15	3.07	2.70	2.49	2.36	2.27	2.21	2.16	2.12	2.09	2.06	2.02	1.97	1.92	1.90	1.87	1.85	1.82	1.79	1.76
16	3.05	2.67	2.46	2.33	2.24	2.18	2.13	2.09	2.06	2.03	1.99	1.94	1.89	1.87	1.84	1.81	1.78	1.75	1.72
17	3.03	2.64	2.44	2.31	2.22	2.15	2.10	2.06	2.03	2.00	1.96	1.91	1.86	1.84	1.81	1.78	1.75	1.72	1.69
18	3.01	2.62	2.42	2.29	2.20	2.13	2.08	2.04	2.00	1.98	1.93	1.89	1.84	1.81	1.78	1.75	1.72	1.69	1.66
19	2.99	2.61	2.40	2.27	2.18	2.11	2.06	2.02	1.98	1.96	1.91	1.86	1.81	1.79	1.76	1.73	1.70	1.67	1.63
20	2.97	2.59	2.38	2.25	2.16	2.09	2.04	2.00	1.96	1.94	1.89	1.84	1.79	1.77	1.74	1.71	1.68	1.64	1.61
21	2.96	2.57	2.36	2.23	2.14	2.08	2.02	1.98	1.95	1.92	1.87	1.83	1.78	1.75	1.72	1.69	1.66	1.62	1.59
22	2.95	2.56	2.35	2.22	2.13	2.06	2.01	1.97	1.93	1.90	1.86	1.81	1.76	1.73	1.70	1.67	1.64	1.60	1.57
23	2.94	2.55	2.34	2.21	2.11	2.05	1.99	1.95	1.92	1.89	1.84	1.80	1.74	1.72	1.69	1.66	1.62	1.59	1.55
24	2.93	2.54	2.33	2.19	2.10	2.04	1.98	1.94	1.91	1.88	1.83	1.78	1.73	1.70	1.67	1.64	1.61	1.57	1.53
25	2.92	2.53	2.32	2.18	2.09	2.02	1.97	1.93	1.89	1.87	1.82	1.77	1.72	1.69	1.66	1.63	1.59	1.56	1.52
26	2.91	2.52	2.31	2.17	2.08	2.01	1.96	1.92	1.88	1.86	1.81	1.76	1.71	1.68	1.65	1.61	1.58	1.54	1.50
27	2.90	2.51	2.30	2.17	2.07	2.00	1.95	1.91	1.87	1.85	1.80	1.75	1.70	1.67	1.64	1.60	1.57	1.53	1.49
28	2.89	2.50	2.29	2.16	2.06	2.00	1.94	1.90	1.87	1.84	1.79	1.74	1.69	1.66	1.63	1.59	1.56	1.52	1.48
29	2.89	2.50	2.28	2.15	2.06	1.99	1.93	1.89	1.86	1.83	1.78	1.73	1.68	1.65	1.62	1.58	1.55	1.51	1.47
30	2.88	2.49	2.28	2.14	2.05	1.98	1.93	1.88	1.85	1.82	1.77	1.72	1.67	1.64	1.61	1.57	1.54	1.50	1.46
40	2.84	2.44	2.23	2.09	2.00	1.93	1.87	1.83	1.79	1.76	1.71	1.66	1.61	1.57	1.54	1.51	1.47	1.42	1.38
60	2.79	2.39	2.18	2.04	1.95	1.87	1.82	1.77	1.74	1.71	1.66	1.60	1.54	1.51	1.48	1.44	1.40	1.35	1.29
120	2.75	2.35	2.13	1.99	1.90	1.82	1.77	1.72	1.68	1.65	1.60	1.55	1.48	1.45	1.41	1.37	1.32	1.26	1.19
∞	2.71	2.30	2.08	1.94	1.85	1.77	1.72	1.67	1.63	1.60	1.55	1.49	1.42	1.38	1.34	1.30	1.24	1.17	1.00

例1. 自由度 (5, 10) の F 分布の上側 10% の点は 2.52 である。　例2. 自由度 (5, 10) の F 分布の下側 10% の点は 1/3.30 である。

付表 8　F 表 (25%)

$F(\phi_1, \phi_2 ; 0.25)$

（分子の自由度 ϕ_1，分母の自由度 ϕ_2 の
F 分布の上側 25% の点を求める表）

ϕ_1 \ ϕ_2	1	2	3	4	5	6	7	8	9	10	12	15	20	24	30	40	60	120	∞
1	5.83	7.50	8.20	8.58	8.82	8.98	9.10	9.19	9.26	9.32	9.41	9.49	9.58	9.63	9.67	9.71	9.76	9.80	9.85
2	2.57	3.00	3.15	3.23	3.28	3.31	3.34	3.35	3.37	3.38	3.39	3.41	3.43	3.43	3.44	3.45	3.46	3.47	3.48
3	2.02	2.28	2.36	2.39	2.41	2.42	2.43	2.44	2.44	2.44	2.45	2.46	2.46	2.46	2.47	2.47	2.47	2.47	2.47
4	1.81	2.00	2.05	2.06	2.07	2.08	2.08	2.08	2.08	2.08	2.08	2.08	2.08	2.08	2.08	2.08	2.08	2.08	2.08
5	1.69	1.85	1.88	1.89	1.89	1.89	1.89	1.89	1.89	1.89	1.89	1.89	1.88	1.88	1.88	1.88	1.87	1.87	1.87
6	1.62	1.76	1.78	1.79	1.79	1.78	1.78	1.78	1.77	1.77	1.77	1.76	1.76	1.75	1.75	1.75	1.74	1.74	1.74
7	1.57	1.70	1.72	1.72	1.71	1.71	1.70	1.70	1.69	1.69	1.68	1.68	1.67	1.67	1.66	1.66	1.65	1.65	1.65
8	1.54	1.66	1.67	1.66	1.66	1.65	1.64	1.64	1.63	1.63	1.62	1.62	1.61	1.60	1.60	1.59	1.59	1.58	1.58
9	1.51	1.62	1.63	1.63	1.62	1.61	1.60	1.60	1.59	1.59	1.58	1.57	1.56	1.56	1.55	1.54	1.54	1.53	1.53
10	1.49	1.60	1.60	1.59	1.59	1.58	1.57	1.56	1.56	1.55	1.54	1.53	1.52	1.52	1.51	1.51	1.50	1.49	1.48
11	1.47	1.58	1.58	1.57	1.56	1.55	1.54	1.53	1.53	1.52	1.51	1.50	1.49	1.49	1.48	1.47	1.47	1.46	1.45
12	1.46	1.56	1.56	1.55	1.54	1.53	1.52	1.51	1.51	1.50	1.49	1.48	1.47	1.46	1.45	1.45	1.44	1.43	1.42
13	1.45	1.55	1.55	1.53	1.52	1.51	1.50	1.49	1.49	1.48	1.47	1.46	1.45	1.44	1.43	1.42	1.42	1.41	1.40
14	1.44	1.53	1.53	1.52	1.51	1.50	1.49	1.48	1.47	1.46	1.45	1.44	1.43	1.42	1.41	1.41	1.40	1.39	1.38
15	1.43	1.52	1.52	1.51	1.49	1.48	1.47	1.46	1.46	1.45	1.44	1.43	1.41	1.41	1.40	1.39	1.38	1.37	1.36
16	1.42	1.51	1.51	1.50	1.48	1.47	1.46	1.45	1.44	1.44	1.43	1.41	1.40	1.39	1.38	1.37	1.36	1.35	1.34
17	1.42	1.51	1.50	1.49	1.47	1.46	1.45	1.44	1.43	1.43	1.41	1.40	1.39	1.38	1.37	1.36	1.35	1.34	1.33
18	1.41	1.50	1.49	1.48	1.46	1.45	1.44	1.43	1.42	1.42	1.40	1.39	1.38	1.37	1.36	1.35	1.34	1.33	1.32
19	1.41	1.49	1.49	1.47	1.46	1.44	1.43	1.42	1.41	1.41	1.40	1.38	1.37	1.36	1.35	1.34	1.33	1.32	1.30
20	1.40	1.49	1.48	1.47	1.45	1.44	1.43	1.42	1.41	1.40	1.39	1.37	1.36	1.35	1.34	1.33	1.32	1.31	1.29
21	1.40	1.48	1.48	1.46	1.44	1.43	1.42	1.41	1.40	1.39	1.38	1.37	1.35	1.34	1.33	1.32	1.31	1.30	1.28
22	1.40	1.48	1.47	1.45	1.44	1.42	1.41	1.40	1.39	1.39	1.37	1.36	1.34	1.33	1.32	1.31	1.30	1.29	1.28
23	1.39	1.47	1.47	1.45	1.43	1.42	1.41	1.40	1.39	1.38	1.37	1.35	1.34	1.33	1.32	1.31	1.30	1.28	1.27
24	1.39	1.47	1.46	1.44	1.43	1.41	1.40	1.39	1.38	1.38	1.36	1.35	1.33	1.32	1.31	1.30	1.29	1.28	1.26
25	1.39	1.47	1.46	1.44	1.42	1.41	1.40	1.39	1.38	1.37	1.36	1.34	1.33	1.32	1.31	1.29	1.28	1.27	1.25
26	1.38	1.46	1.45	1.44	1.42	1.41	1.39	1.38	1.37	1.37	1.35	1.34	1.32	1.31	1.30	1.29	1.28	1.26	1.25
27	1.38	1.46	1.45	1.43	1.42	1.40	1.39	1.38	1.37	1.36	1.35	1.33	1.32	1.31	1.30	1.28	1.27	1.26	1.24
28	1.38	1.46	1.45	1.43	1.41	1.40	1.39	1.38	1.37	1.36	1.34	1.33	1.31	1.30	1.29	1.28	1.27	1.25	1.24
29	1.38	1.45	1.45	1.43	1.41	1.40	1.38	1.37	1.36	1.35	1.34	1.32	1.31	1.30	1.29	1.27	1.26	1.25	1.23
30	1.38	1.45	1.44	1.42	1.41	1.39	1.38	1.37	1.36	1.35	1.34	1.32	1.30	1.29	1.28	1.27	1.26	1.24	1.23
40	1.36	1.44	1.42	1.40	1.39	1.37	1.36	1.35	1.34	1.33	1.31	1.30	1.28	1.26	1.25	1.24	1.22	1.21	1.19
60	1.35	1.42	1.41	1.38	1.37	1.35	1.33	1.32	1.31	1.30	1.29	1.27	1.25	1.24	1.22	1.21	1.19	1.17	1.15
120	1.34	1.40	1.39	1.37	1.35	1.33	1.31	1.30	1.29	1.28	1.26	1.24	1.22	1.21	1.19	1.18	1.16	1.13	1.10
∞	1.32	1.39	1.37	1.35	1.33	1.31	1.29	1.28	1.27	1.25	1.24	1.22	1.19	1.18	1.16	1.14	1.12	1.08	1.00
ϕ_1 \ ϕ_2	1	2	3	4	5	6	7	8	9	10	12	15	20	24	30	40	60	120	∞

例1．自由度 (5, 10) の F 分布の上側 25% の点は 1.59 である．　例2．自由度 (5, 10) の F 分布の下側 25% の点は 1/1.89 である．

付表9 z変換図表

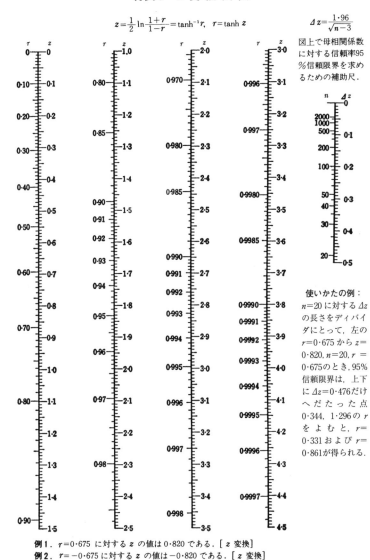

例1. $r=0.675$ に対する z の値は 0.820 である. [z 変換]
例2. $r=-0.675$ に対する z の値は -0.820 である. [z 変換]
例3. $z=1.27$ に対する r の値は 0.854 である. [逆変換]

付表 10 r 表

$\phi, P \longrightarrow r$

$$P = 2\int_r^1 \frac{(1-x^2)^{\frac{\phi}{2}-1}dx}{B\left(\frac{\phi}{2}, \frac{1}{2}\right)}$$

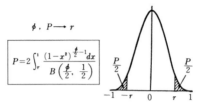

（自由度 ϕ の r の両側確率 P の点）

ϕ \ P	0.10	0.05	0.02	0.01
10	.4973	.5760	.6581	.7079
11	.4762	.5529	.6339	.6835
12	.4575	.5324	.6120	.6614
13	.4409	.5140	.5923	.6411
14	.4259	.4973	.5742	.6226
15	.4124	.4821	.5577	.6055
16	.4000	.4683	.5425	.5897
17	.3887	.4555	.5285	.5751
18	.3783	.4438	.5155	.5614
19	.3687	.4329	.5034	.5487
20	.3598	.4227	.4921	.5368
25	.3233	.3809	.4451	.4869
30	.2960	.3494	.4093	.4487
35	.2746	.3246	.3810	.4182
40	.2573	.3044	.3578	.3932
50	.2306	.2732	.3218	.3542
60	.2108	.2500	.2948	.3248
70	.1954	.2319	.2737	.3017
80	.1829	.2172	.2565	.2830
90	.1726	.2050	.2422	.2673
100	.1638	.1946	.2301	.2540
近似式	$\dfrac{1.645}{\sqrt{\phi+1}}$	$\dfrac{1.960}{\sqrt{\phi+1}}$	$\dfrac{2.326}{\sqrt{\phi+2}}$	$\dfrac{2.576}{\sqrt{\phi+3}}$

例 自由度 $\phi=30$ の場合の両側 5% の点は 0.3494 である．

参 考 文 献

1) F. J. Anscombe (1973) : "Graphs in Statistical Analysis", *The American Statistician*, Vol.27(1), pp.17〜21.
2) 山田秀(2004):『実験計画法—方法編—』, 日科技連出版社.
3) 久米均, 飯塚悦功(1987):『回帰分析』, 岩波書店.
4) Douglas C. Montgomery, Elizabeth A. Peck (1992) : *Introduction to Linear Regression Analysis,* John Wiley & Sons.
5) Sanford Weisberg (1985) : *Applied Linear Regression*, John Wiley & Sons.
6) Lawrence L. Lapin (1990) : *Probability and Statistics for Modern Engineering 2nd edition,* PWS-Kent Publihing Company.
7) 岩崎学(2006):『統計的データ解析入門 単回帰分析』, 東京図書.
8) 大野髙裕(1998):『多変量解析入門』, 同友館.
9) 加納悟, 浅子和美(1992):『入門 経済のための統計学』, 日本評論社.
10) 棟近雅彦 編著, 奥原正夫 著(2012):『JUSE-StatWorks による回帰分析入門［第2版］』, 日科技連出版社.

索　引

【英数字】

DW　49
k 次の回帰成分　137
r 表　19
t 分布　19
z 変換　22

【あ　行】

当てはまりの悪さ　81, 144
アンスコムの数値例　26
安全側の検定　21
鞍点　156
一部実施要因計画　153
逸脱度残差　164
因子平方和　134, 143
応答曲面　129, 146, 148

【か　行】

回帰係数　31
回帰の逆推定　82
回帰平方和　43, 81, 110
外挿　46, 67, 68
傾き　31
規準化残差　46
級間変動　81
級内変動　81
共分散　58
寄与率　17, 44, 111
区間　1
　――推定　24
クラスター分析　118

クロス集計　5
経験ロジット変換　161
検討しなかった変数と残差の散布図　47
交互作用　140
高次の項　145
高次の交互作用項　145
誤差　80
　――平方和　134, 143

【さ　行】

最小2乗法　38, 40
最尤法　162
残差　36, 46, 80, 106
残差の時系列プロット　47
残差のヒストグラム　46
残差平方和　37, 81, 110
散布図　6, 13
軸上点　150
重回帰分析　101
重相関係数　111
自由度調整済み重相関係数　112
自由度二重調整済み寄与率　112
自由度二重調整済み相関係数　112
主成分分析　118
信頼下限　24
信頼上限　24
ステップワイズ法　115
正規性　34, 102, 162
正規分布　4
正規方程式　39, 107
正の相関　8, 15

切片　31
説明変数　31
　——と残差の散布図　47
相関　7
　——係数　13, 15
層別　8

【た　行】

ダービン・ワトソン比　49
対数尤度　163
多重共線性　117
ダミー変数　115
単回帰分析　31
中心点　150
中心複合計画　129, 149
強い相関　16
低次の項　145
定数項　101
停留点　155
テコ比　164
独立性　34, 102, 162
度数　1
　——分布表　4
等分散性　34, 102, 162

【は　行】

外れ値　8
ピアソン残差　164
ヒストグラム　1
標準偏回帰係数　113

標準偏差　2
負の相関　8, 15
不偏性　34, 102, 162
分散　4
　——分析　44, 110
平均値　1
平方和　4
偏回帰係数　101
偏差積和　13, 14
偏差平方和　13, 14, 110
変数減少法　114
変数増加法　114
変数変換　84
母相関係数　19
無相関の検定　19

【ま　行】

目的変数　31
　——と残差の散布図　47

【や　行】

尤度　162
尤度比寄与率　163
尤度比検定量　163
弱い相関　16

【ら　行】

ロジスティック回帰　157
ロジスティックモデル　157
ロジット変換　160

◆監修者・著者紹介

棟近雅彦（むねちか　まさひこ）［監修者］

　1987年東京大学大学院工学系研究科博士課程修了，工学博士取得．1987年東京大学工学部反応化学科助手，1992年早稲田大学理工学部工業経営学科（現経営システム工学科）専任講師，1993年同助教授を経て，1999年より早稲田大学理工学術院創造理工学部経営システム工学科教授．ISO/TC 176日本代表エキスパート．

　主な研究分野は，TQM，感性品質，医療の質保証，災害医療．主著に『TQM―21世紀の総合「質」経営』（共著，日科技連出版社，1998年），『医療の質用語事典』（共著，日本規格協会，2005年），『マネジメントシステムの審査・評価に携わる人のためのTQMの基本』（共著，日科技連出版社，2006年）など．

佐野雅隆（さの　まさたか）［著者］

　2010年早稲田大学創造理工学研究科経営システム工学専攻博士課程修了，2011年博士（工学）取得．2010年同大学創造理工学部経営システム工学科助手を経て，2012年より東京理科大学工学部第一部経営工学科助教．明治大学理工学部非常勤講師．日本品質管理学会の論文誌編集委員．

　主な研究分野は，医療安全，TQM，医療統計，事業継続マネジメントシステム．

■実践的 SQC（統計的品質管理）入門講座 3

回帰分析

2016 年 2 月 24 日　第 1 刷発行

監修者　棟　近　雅　彦
著　者　佐　野　雅　隆
発行人　田　中　　　健

発行所　株式会社 日科技連出版社
〒 151-0051　東京都渋谷区千駄ヶ谷5-15-5
DS ビル
電話　出版　03-5379-1244
　　　営業　03-5379-1238

検印
省略

印刷・製本　東港出版印刷

Printed in Japan

Ⓒ *Masataka Sano 2016*
ISBN 978-4-8171-9582-1
URL http://www.juse-p.co.jp/

本書の全部または一部を無断で複写複製（コピー）することは，著作権法上での例外を除き，禁じられています。